자연과 문명 속의 수학

자연과 문명 속의 수학

조용승 지음

인간의 삶과 연결되는
수학의 핵심적인 33가지 이야기

이화여자대학교출판문화원

| 프롤로그 |

모든 생물은 주어진 환경에 적응하면서 살아간다. 아예 적응하지 못한 생물은 도태되거나 사라져 가고, 적응력이 부족한 생물은 적응하기 위해 자신을 변형시키면서 살아간다. 인간 또한 환경에 적응하기 위해 인류 역사의 시초부터 지금까지 부단히 노력해 왔다. 한편으로는 자연에 순응하고 다른 한편으로는 자연을 이용하면서, 문명을 일으키거나 때로는 파괴하면서 환경에 적응하는 역사를 반복하며 오늘에 이르렀다.

이 책에서는 인간이 자연에 적응하고, 자연을 이용하고, 문명을 일으키는 과정에서 수학이 얼마나 핵심적인 역할을 했는지를 이야기한다. 수학이란 인류 역사와 함께할 만큼 기나긴 역사를 지닌 학문이고, 인간을 둘러싼 자연과 문명 속에는 수학이 눈에 보이게, 보이지 않게 늘 함께하였다.

이 책은 자연과 인류 문명 속에 담긴 수학이 우리 인간의 삶과 어떻게 연결되는지에 대해 33장에 걸쳐서 기술하고 있다.

1부 「생활 속의 수학」 제1장에서 제11장까지는 생활과 삶 그 자체가 수학이라는 것과 기초과학에서 수학이 갖는 위치를 알아본다. 주로 자연과 문명 속에 녹아 있는 수학적 아이디어나 수학이 거둔 업적과 성과에 초점을 맞춘 글들이다.

2부「자연 속의 수학」 제12장에서 제21장까지는 인간이 살아가는 시간과 공간 그리고 자연 생태 속에서의 수학을 살펴본다. 달력은 어떻게 만들어졌는지, 조화로움의 상징인 황금률의 비밀은 무엇인지, 그리고 현대 과학으로도 아직 풀지 못한 수수께끼 같은 수학 문제들은 무엇인지 하는 것들이다.

3부「문명 속의 수학」 제22장에서 제33장까지는 문화 예술과 사회현상 그리고 과학기술 속에 녹아 있는 수학을 집중적으로 조명한다. 예술 작품 속에 들어 있는 수학적 이미지, 게임 속에 내재된 수학적 통계, 금융 상품에 사용되는 수학의 법칙들, 그리고 국가 안보의 핵심인 무기와 통신 분야 및 첨단 과학기술 속에 녹아 있는 수학을 조명한다.

인류 문명의 시작과 함께 등장한 수학이 인간 역사에서 커다란 역할을 하게 된 데는 위대한 수학자들의 공헌이 있어서 가능했다. 따라서 책의 자투리 공간에는 인류 문명과 문화의 진보에 크게 공헌한 위대한 수학자 33인을 소개하고, 수학과 관련된 속담과 격언도 함께 소개했다.

저자는 수학 연구를 하면서 일생을 보내고 있다. 40년 가까이 대학 강단에서 수학 강의를 하고, 일반인을 대상으로 '삶을 수학적으로 살자'고 수학의 대중화를 위한 글도 쓰고 있다. 『자연과 문명 속의 수학』은 그간 여러 일간 신문, 과학과 기술 잡지 등에 기고한 글과 새롭게 쓴 글들을 한데 모아 묶은 것이다. 이 졸저가 수학이 시험을 위한 과목만이 아니라 인류 문명과 문화에 녹아 숨쉬고 있으며, 우리가 살아가는 데 꼭 필요한 소양과 지혜로 인식되게 한다면 더없이 기쁘겠다. 끝으로 오랜 시간 원고 정리와 타이핑을 도와준 아내 김수남 박사에게도 진심 어린 감사를 드린다.

2012년 2월

이화여대 종합과학관 A동 323호실에서

저자 조용승

| 차 례 |

3부 문명 속의 수학

1부

생활 속의 수학

I Love science
science
I Love
science

제1장 삶 속의 수학

최고 경지의 순수정신은 수학에 있다.
– 플라톤

'수학' 하면 미분 · 적분을 떠올리거나 수열의 합이나 곡선 방정식을 떠올리는 사람에게 수학은 어렵고 이해하기 힘든 모던 아트나 음악과 크게 다르지 않다. 그들은 지금까지 수학과 상관없이 잘 살아왔고, 앞으로도 얼마든지 잘 살 수 있다고 생각한다. 그러나 자연과 사회는 수학으로 이루어져 있고 수학적으로 변하고 발전하며, 인간은 수학적으로 하루하루를 산다고 해도 과언이 아니다. 교과서 속의 지식으로 감금된 '수학'을 우리 주위의 삶으로 끌고 나와 그 속에 감춰진 수학적 진리와 질서를 하나하나 드러내 보일 필요가 있다.

자연계와 인간의 삶 속에 숨어 있는 수학의 오묘한 조화를 우리는 얼마나 알고 있을까? 무질서하게만 보이는 자연 속에 질서가 있고, 매우 규칙적으로 보이는 자연 속에도 무질서가 존재한다. 예를 들면, 해바라기씨가 무질서하게 박혀 있는 듯이 보이지만 그 속에는 조화로운 수학적 배열 구조가 존재하며, 반면에 정확한 궤도를 따라 태양 주위를 도는 지구의 자전에도 아주 작은 오차가 존재할 수 있으며, 이 오차로 인해 먼 훗날 지구가 영원히 태양에서 멀어져 우주의 심연 속으로 사라질 수도 있다.

소라 껍질이나 꽃잎, 나뭇잎의 신비한 배열에 기하학적으로 완벽한 구조인 황금 비율(0.618034)이 숨겨져 있다. 또 무성한 나무나 눈송이, 고사리잎, 노르웨이의 피요르드식 해안선에서 찾아볼 수 있는 자연적 프랙탈은 프랙탈 기하학의 근간이 되기도 했다. 수학자들이 평가하는 최고의 수학자였던 카를 프리드리히 가우스(Carl Friedrich Gauss)는 "수학은 과학의 여왕(mathematics is the queen of sciences)"이라고 하여 수학이 과학의 언어로서 자연과학·공학은 물론 인문과학·사회과학 등 모든 학문적 논리 체계의 근본이 되는 모델임을 피력하였다.

인간은 하루에도 몇 번씩 무엇인가를 선택하고 결정하면서 산다. 대기업의 CEO라면 기업의 미래를 결정할 중요한 프로젝트를 선택하기도 하고, 새 게임을 개발하는 컴퓨터 프로그래머는 사이버 공간에 적합한 아이콘들을 선택할 것이며, 교통 체증을 뚫고 약속 시간에 맞춰 가야 하는 운전자는 최소한의 시간과 최단 거리를 계산하며 길을 선택할 것이다.

날마다의 삶 속에 수학이 녹아져 있다.

어떤 자동차를 사야 할지를 결정할 때, 레시피에 따라 요리를 할 때, 집의 인테리어 내용을 정할 때도 수학적 원칙을 사용하고 있다. 인간은 이 같은 동일한 수학적 원칙을 국가와 대륙을 불문하고 수천년 간 사용하며 살고 있다. 플로리다 해변에서 보트를 타고 출항하는 사람이나 페루의 산동네에서 집을 짓는 사람이나 일본의 농촌에서 농사짓는 사람이나 똑같은 수학을 사용하고 있는 것이다.

어떻게 수학은 이처럼 범우주적, 범세계적일 수 있을까? 그 이유는 첫째, 인간이 수학을 발명한 게 아니라 수학을 발견했기 때문이다. 둘째, 수학적 언어는 영어나 러시아어가 아닌 숫자로 이루어졌기 때문이다. 수로 이루어진 수학을 잘 활용하면 우리는 쇼핑도 현명하게 할 수 있고, 자신에게 꼭 맞는 보험 상품을 구매할 수 있으며, 주어진 예산으로 아파트 리모델링도 훌륭히 해낼 수 있고, 심지어 인구 증가도 예견할 수 있으며, 경마장에서 어떤 경주마에 배팅하는 것이 최상의 우승의 기회를 가질까 예측하는 데에도 도움을 얻을 수 있다.

누구나 나름대로의 지식을 총동원하여 논리적인 두뇌 활동을 거쳐 현 상황에서 가장 합리적이라고 생각한 것을 선택한다. 수학은 이처럼 최적화의 삶에 도움을 주며, 이러한 삶의 태도를 '수학적으로 산다'라고 말할 수 있다. 즉 사회의 현상 속에서 논리적으로 생각하고 선택하는 행동 자체를 수학을 한다고 말할 수 있는 것이다. 수학이란 우리와 멀리 동떨어져 있는 학문이 아니라 자연현상 속에 녹아 있고, 사회현상 속에 스며 있는 산소와 같은 질서 체계이다. 단지 우리가 이러한 행동들이 수학적 활동이라는 것을 인식하지 못하고 살아갈 뿐이다.

고등동물로 올라갈수록 수학을 잘 이해하고 이용한다고 할 수 있다. 과일을 개수로 팔 때는 큰 것을 사는 것이 유리하며, 가장 많은 개수의 사과를 담는 방법과 지름길을 찾는 방법에도 수학이 들어 있다. 하물며 경제 원리와 현상, 정치 이론과 현실은 말할 것도 없고 첨단 전자 통신

아카데미아라는 말의 기원은 플라톤이 철학, 기하학, 법학을 가르쳤던 고대 아테네 교외의 올리브 숲 이름에서 유래한 것이다. BC 385년에 설립된 전통을 가진 그리스 아테네 예술과 학 아카데미는 르네상스기(期) 이후 새로운 학문 정신과 학문 분야의 발전의 근거지였다. 세계 문화와 예술 과학의 상징 아이콘, 여신상의 기둥이 서 있다.

장비, 첨단 전자 무기의 개발, 또는 게놈 지도의 확립 등 현대사회가 지향하는 최첨단 분야에서의 수학의 응용은 일일이 열거하기 힘들 정도로 많다.

인류는 탄생부터 수학을 문명 발전의 도구로 사용했다. 오늘날과 같은 무한경쟁 사회에서 우리나라가 선진국이 되기 위해서는 많은 분야에서의 정책 결정이 수학적인 사고와 분석을 거쳐 이뤄져야 한다. 미국은 수학 분야에서 세계 최고의 지위를 유지하기 위해 해마다 엄청난 예산을 편성하여 지원하고 있으며, 수학적 활동이 생활 전반에 광범위하게 적용되고 있다고 할 수 있다.

"기하학을 모르는 자는 이 문 안으로 들어서지 마라"

이 말은 B.C. 4~5세기 플라톤의 고등교육 기관인 아카데미아 정문에 걸린 현판으로 수학자들의 자긍심을 높여 주는 일화로 자주 인용된다. 로고스(logos) 즉 '논리적 지성에 부합함'을 중시한 그리스 귀족들은 기하학이 우주의 질서와 논리를 제대로 설명해 주는 참다운 학문이라고 믿었다. 논리와 진리에 가장 충실하기 때문에 이데아의 그림자에 갇혀 사는 현세인이 수학을 본질의 세계인 이데아의 실현에 가장 도움을 주는 학문이라고 믿고 중시하였다.

궁금한 문제를 깊이 생각하여 해결하려는 과정이 '논리적인 추론'이며, 많은 과학의 분야는 논리적 추론을 기본으로 하는 수학적 탐구에서부터 뻗어 나가 독립했다고 볼 수 있다. 세상 도처에 수학이 있고 자신도 느끼지 못하는 사이에 우리는 최적화, 최상화, 최단순화의 상태를 유지하려는 고도의 수학적 활동을 늘 하고 있는 것이다.

위대한 수학자들

피타고라스(Pythagoras B.C. 570~B.C. 495)

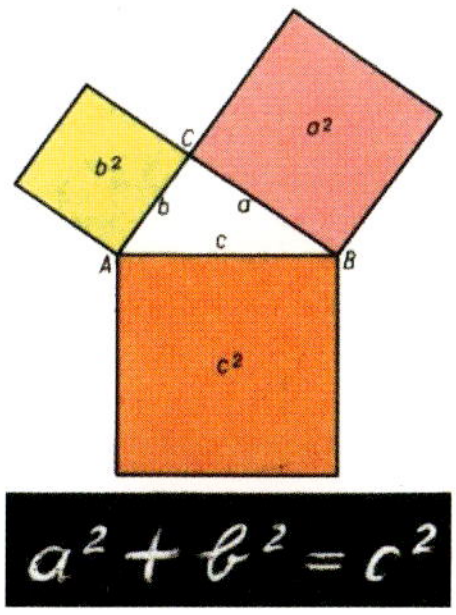

피타고라스는 고대 그리스 사모스 섬 출신으로 수학자이자 철학자였다. 피타고라스는 만물의 근원이 숫자라고 주장했다. 피타고라스학파는 무한 앞에서, 그리고 한계지을 수 없는 것 앞에서 신성한 공포를 느꼈다. 그래서 현실의 경계를 정하고 질서를 부여하며, 현실을 이해할 수 있는 규칙을 숫자에서 찾았다. 우주에 대한 미학적, 수학적 전망은 이렇게 피타고라스에 의해 탄생되었다. 그는 직각삼각형에서 직각을 낀 두 변의 길이의 제곱의 합은 빗변의 길이의 제곱과 같다라는 유명한 피타고라스의 정리를 증명하였다.

제2장 유아기 수학의 중요성

기하학에는 왕도가 없다.
– 유클리드

우리나라에서 자녀 교육은 모든 부모들의 지상 과제이다. 성공이라는 게 주관적이고 자의적인 것이지만 자녀가 성공하면 본인은 물론 부모도 월계관을 쓴다. 그래서 요즈음 부모들은 취학 전부터 읽기 · 영어 · 미술은 기본이고 음악 · 한문 · 수학 · 체육, 심지어 바둑까지도 학습시킨다.

어느 날 프린스턴에서 보스턴행 기차를 탄 알버트 아인슈타인(Albert Einstein)은 기차표를 잃어버렸다. 다행히 유명한 물리학자인 그를 알아본 역무원이 그가 기차표를 사지 않았을 리 없다고 생각해서 친절하게 괜찮다고 말했다. 그러나 아인슈타인은 차표 찾기를 멈추지 않았다. 역무원이 다시 차표를 찾지 않아도 된다고 말을 하자 아인슈타인은 "친절은 고맙지만 그 표를 찾아야 내가 어디서 내리는지 알 수 있습니다"라고 말했다고 한다.

이 일화를 통해 필자가 말하고 싶은 것은 느슨하고 부족해 보이는 체계 속에서 지적 호기심과 상상력이 활발하게 활동한다는 사실이다. 어린 시절 자연과 가까이 지내면서 자연과학에 대한 원리와 호기심을 키워 나가는 게 자연스러운데, 요즈음 어린이들은 자연현상에 대해서도 들과 산이 아닌 학원에서 배우고 있다.

부모는 취학 전부터 온갖 과목을 한꺼번에 배우게 하여 아이로 하여금 상습적 피로감과 의욕상실에 빠지지 않도록 주의해야 한다. 그러면 최소한의 노력으로 최고의 효과를 볼 수 있는 자녀 교육에 대해 알아보자. 한 연구 결과에 의하면, 어려서 수학을 잘 하는 학생은 나중에 읽기도 잘 하지만, 읽기를 잘 하는 학생이 나중에 수학을 잘 하는 것과는 연관성이 적은 것으로 나타났다. 여기서 수학을 어려서부터 가까이하는 것이 좋다는 해석이 가능하다.

어린 자녀에게 무엇을 교육할 것인가? 취학 전 아이들이 수많은 과목을 선행 학습을 하는데, 입학 후 아이의 학업 성취 능력과 가장 직결되는 과목은 무엇일까? 2007년 『사이언스데일리』지가 발표한 연구 결과에 의하면, 입학 후 학업 성취도와 가장 관련이 깊은 두 가지는 초등수학 실력과 읽기 능력이라고 한다. 이 중에서도 초등수학 실력이 학업 성취도와 가장 큰 연관이 있는 것으로 나타났다. 그러나 아이가 스스로 초등수학을 공부하는 것을 기대하기란 어렵다.

수학적 재능은 어떻게 알 수 있으며 어떻게 개발할 것인가? 취학 전 아이의 재능을 파악하기란 쉽지 않다. 버팔로대학에서 수천 명의 어린이를 대상으로 한 연구 결과에 의하면, 취학 전 3~5세 아동이 그림책을 보면서 이야기로 꾸미는 재능이 뛰어날 경우 나중에 커서 수학에 재능을 보일 가능성이 높았다고 한다. 복잡한 내용의 그림책을 이야기로 재

미국 프리스쿨 내부는 어린이 수학 교육을 위한 모형과 자료로 가득차 있다.

구성할 줄 아는 스토리텔링 능력이 뛰어날수록 높은 수학적 재능과 직결되어 있다는 것이다.

수학적 재능이란 게 탐구 예측하여 논리적으로 추론하는 능력과 수량과 공간을 보고 정보를 찾아 아이디어로 연결하는 능력임을 감안할 때 스토리텔링과 수학적 재능 사이의 상관성을 유추할 수 있다. 수학 공부에는 왕도가 없지만, 부모는 자녀가 수학의 원리를 기초부터 단계별로 깨우쳐 가는 과정을 통해서 논리를 깨우치고 정직하게 답이 나오는 과정을 직접 알도록 유도해야 한다. 이와 같은 논리적 수학 공부는 아이에게 성취감과 희열감을 안겨 준다. 수학자 앙리 푸앵카레(Jules Henri Poincare)는 "수학적 발견은 크든 작든 간에 저절로 탄생하는 것이 아니다. 수학적 발견은 언제나 예비 지식이 있어야 하고, 의식적이거나 잠재의식에 의한 연구를 통해 잘 준비된 토양에서 탄생하는 것이다"라며 수학의 단계적 교육을 강조하였다.

사실 우리는 수학이 뭔지 정확히 모르고 있는 게 아닌가 싶다. 고등학교 과정까지 가장 중요한 교과목이었고 가장 많이 배운 과목인데도 시험에 갇혀 있었기 때문에 수학의 진면목을 접할 기회가 없었다. 수학은 수 · 양 · 구조 · 변화 · 공간의 패턴을 논리적으로 연구하는 학문으로 우리가 사는 자연을 이해하는 중요한 도구이다. 다시 말하면 수학은 자연의 현상과 이치를 표현하는 언어로서 물리학 · 자연과학 · 공학 · 의학뿐만 아니라 경제학과 사회과학의 내부 현상을 풀어내는 중요한 도구이기도 하다. 따라서 수학을 잘 한다는 것은 인간이 처한 자연과 사회에 대한 인지력이 높다는 것이고, 자연과 사회현상에 대한 높은 인지능력은 뛰어난 통찰력과 정확한 판단력으로 연결될 가능성이 크다. 따라서 초등수학 능력이 아이의 전체 학습 성취도를 가장 잘 예견해 주는 척도 역할을 한다는 것은 일리가 있다.

그러면 미국에서의 수학교육은 어떤가? 다양한 학문 분야에서 세계를 주도하고 있는 미국은, 인류가 수세기 동안 발전과 번영을 누리는 데는 수학의 공이 컸다는 이야기를 '국가수학발전고문단(National Mathematics Advisory Panel)' 최종 보고서의 첫 부분에 명기하였다. 그리고 인간의 지적 발전의 핵심이라 믿는 수학교육이 초 · 중 · 고교에서 제대로 이뤄질 수 있도록 매년 수학 전문가들에게 의뢰한 보고서의 조언과 충고를 정책에 지속적으로 반영한다. 30년 이상 이런 식으로 수학교육 현장을 평가하고 진단하여 정책에 반영하고 있는 미국의 수학교육은 주입식이 아닌 수학 개념에 대한 토론과 탐구 형식으로 진행된다. 이런 방식의 수학교육은 많은 노벨상 수상자를 배출하는 토대가 되었다.

빌 게이츠(Bill Gates)가 2008년 6월 은퇴를 앞두고 하원의 과학기술위원회 청문회에 출석하여 마이크로소프트 회장으로서 한 마지막 말은 "미국의 경쟁력 있는 미래는 수학 · 과학에 달렸고 유능한 해외 수학 · 과학 인재들을 쉽게 받아들일 수 있는 제도를 정비하라"는 증언이었다. 그가 미국이 세계 최고의 경쟁력을 갖춘 혁신 국가로 남는 길은 꾸준한 수학 · 과학교육이라고 제시하였음을 우리는 의미깊게 받아들이자. 다시 한번 어린아이의 취학 후 학습 능력과 직결되는 세 가지 중요한 것은 초등수학 실력, 읽기 능력, 그리고 집중력임을 되새기자.

위대한 수학자들

아르키메데스(Archimedes, B.C. 287~212)

시대를 통틀어 가장 위대한 수학자 중의 한 사람이었던 아르키메데스는 시칠리아 섬에 있던 옛 그리스 도시 시라큐스(Syracuse)에서 천문학자의 아들로 태어났으며, 로마가 시라큐스를 정복한 기원전 212년에 죽었다. 아르키메데스는 수학자 · 천문학자 · 철학자 · 물리학자 및 공학자였다. 제2차 포에니전쟁 중에 시라큐스를 함락한 로마 병사가 그를 알아보지 못하고 죽이고 말았는데, 전하는 바에 의하면 도시가 함락되는 와중에도 아르키메데스는 길에서 수학 문제를 푸느라고 골몰해 있었다고 한다. 그는 지렛대 원리의 응용에 뛰어난 기술자였고, 액체 속에 있는 물체는 물체가 밀어낸 액체의 무게와 똑같은 부력을 수직 방향으로 받는다는 '아르키메데스의 원리'를 찾아냈다. 이 부력의 법칙은 오늘날 유체역학의 기본 원리이다.

제3장 수학은 기초과학의 근간

내가 푼 문제마다 이후 다른 문제를 푸는 데 도움이 되는 규칙이 되었다.
— 데카르트

한 나라의 기초과학의 수준과 경제는 거의 비례한다는 통계가 있다. 우리나라 기초과학 분야는 1960년대까지만 해도 거의 황무지나 다름없었으나 꾸준히 성장하여 2008년도에 과학인용색인(SCI)에 발표한 연구논문 수가 3만5,569편으로 세계 12위를 기록했으니, 세계 11위인 우리나라의 총수출입 교역 규모와 비교해 볼 때 현재까지는 크게 어긋나지 않는다.

그런데 최근에 기초과학의 기반이 뿌리째 흔들리고 있어 언제 뽑힐지 모른다는 우려가 과학자들 사이에 팽배하다. 눈에 보이는 첨단 기술에만 관심을 갖고, 응용 학문의 근간이지만 가시적 효과가 적은 기초과학 분야를 등한시하는 신호가 여러 분야에서 감지되고 있기 때문이다. 선진국의 경우 기초과학 분야에 대한 정책적인 지원은 지속적이다. 그리고 발달된 기초과학을 근간으로 개발되는 고급 과학기술이 해외로 복사 유출되는 것을 근원적으로 차단하고 있다. 첨단 인공위성, 핵무기, 차세대 전투기의 기술이 쉽게 모방될 수 없는 것을 보면 알 수가 있다.

미국의 연방정부가 지난 2000년에 기초 과제에 지원한 액수는 총 100억 달러로서 응용 과제 지원액인 42억 달러보다 2~3배가 더 많았다. 미국 정부는 여기에 그치지 않고 2000년 1월 기초과학에 대한 지원액을 28억 달러 인상해 줄 것을 의회에 요청해 승인을 받았다. 이것은 연구자문회의 보고서(1999년)의 경고에 따른 조처였다. 일본의 경우도 기초과학 중시 정책은 미국과 같다. 기초과학진흥재단의 한 해 예산 3,000억 엔은 우리나라 과학기술부 예산과 맞먹는 수준이다. 그러면 우리는 어떤가. 1999년도에 기초 연구에 5,370억 원, 응용 연구에 2조1643억 원을 지원하여 미국이나 일본의 경우와는 반대 방향으로 가고 있다.

여기에서 우리나라의 기초과학의 장래를 우려하게 하는 몇 가지 정책 사례를 짚어 보고자 한다.

첫째, 대학의 학부제와 모집 단위 광역화이다. '수요자 중심 교육'이라는 교육개혁의 명분 아래 1996년 이후 도입된 이 정책은 순수 기초 학문 분야를 말살

튼튼한 뿌리가 튼튼한 나무를 만든다. 수학은 기초과학의 핵심으로 튼튼한 뿌리이며, 첨단산업공학은 나뭇잎과 열매라 할 수 있다.

사이언스 나무

사이언스 나무를 보면 수학이 맨 아래에 있다. 기초과학이라는 튼튼한 뿌리에서 무성한 응용과학이 무르익는다.

해 가고 있다. 학생들이 취업률이 높은 응용 학문 쪽으로 몰리는 바람에, 순수 기초 학문 과목들은 폐강이 속출하고, 학과들은 설 자리를 잃고 다른 학과에 통 · 폐합되는 상황에 처해 있다.

둘째, 정부의 연구 지원 사업이다. 21세기 정보화 사회, 첨단 산업사회에 효율적으로 대비한다는 차원의 각종 대규모 연구 지원 사업이 기초과학 분야는 배제하고 첨단 응용 기술 분야를 집중 지원하는 쪽으로 가고 있다. 이렇게 되자 순수 기초과학 분야에서 연구하는 학생들이 많이 떠나갔고, 신진 박사들은 물론이고 교수들도 응용 분야로 전공을 바꾸는 일이 속출하고 있다.

셋째, 대학 입시다. 전반적으로 자연계가 인문계보다 공부하기 힘들다는 것은 공통된 인식이다. 그런데 인문계를 공부하고도 자연계 학과에 진학할 수 있는 교차 지원이 허용되니, 누가 어려운 수학 II를 비롯한 이과 과목을 택하겠는가. 수능 자연계 응시생 비율이 1998년도에 43%에서 2001학년도에 29.5%로 급감한 것만 보아도 알 수 있다. 대학입시가 은연중 기초과학에 대한 국민적 무관심과 과학 기초 학력의 저하 현상을 확산시키고 있는 셈이다.

기초과학은 다른 응용 학문을 꽃피게 하는 튼튼한 뿌리로서 지속적인 관심과 양분으로 가꾸어야 할 분야이지, 변화하는 정책의 대상이 되어서는 안 된다. '기초과학연구진흥법'의 강화로 기초과학이 튼튼하게 뿌리를 내릴 때 기술 대국으로서의 한국, 경제 대국으로서의 한국의 앞날은 밝게 빛날 것이다. 기초과학을 경시하면서 응용과학의 성과를 기대하는 것은 뿌리 없는 나무에서 열매가 열리기를 기대하는 것이나 다를 바 없다.

위 대 한
수학자들

르네 데카르트(René Descartes, 1596~1650)

철학의 출발점인 "나는 생각한다, 고로 존재한다"라는 명제를 선언한 수학자 데카르트는 처음으로 방정식의 미지수에 x를 쓴 것으로 유명하다. 17세기 근대 수학의 기수인 데카르트는 어려서부터 허약해서 교장선생님으로부터 늦잠을 자도 좋다는 허락을 받았다. 후에 데카르트는 자신의 학교 생활을 되돌아보면서 침대에서 보낸 조용한 아침의 명상이 자신의 철학과 수학의 참다운 원천이었다고 이야기했다.

그가 x좌표를 발견한 일화가 있다. 침대에 누워 천정에 붙어 있는 파리를 보고 파리의 위치를 나타내는 방법을 찾으려고 애쓰다가 '좌표'라는 발상을 하게 되었다는 것이다. 이 이야기는 수의 성질을 연구하는 대수학과 도형의 성질을 연구하는 기하학을 하나로 묶어 연구한 데카르트의 수학하는 방법(이를 '해석기하학'이라 한다)의 발견을 귀띔해 주는 일화이다.

제4장 수학은 첨단 과학기술의 핵심

수학의 진보와 개선은 국가의 번영을 좌우한다.
– 나폴레옹

우리는 미국의 버락 오바마(Barack Obama) 대통령이 한국의 교육 시스템과 인터넷 환경 등에 대해 자주 언급하는 것을 여러 번 들었다. 오바마는 교육에 관심이 많은 대통령으로 수차례 한국의 교육에 대해 언급하면서, 미국 학생과 특히 학부모는 한국 학부모의 교육에 대한 열성과 투자를 본받아야 한다고 누누이 강조하였다. 특히 2011년 2월 19일 주례 연설에서 미국이 지속적인 글로벌 리더로서 경쟁력을 유지하기 위해서는 교육에서의 경쟁력, 특히 수학과 과학교육에서의 경쟁력이 가장 중요하다고 역설하며 "민간 분야가 수학 · 과학교육 증진에 역할을 하기를 바란다"고 말했다.

1960년대 초 구소련이 세계 최초로 우주선을 발사해서 미국이 발칵 뒤집힌 일이 있었다. 소련에 비해 돈도 많고 과학도 훨씬 발달했다고 자부하던 미국으로선 소련의 우주선 발사 성공은 청천벽력이 아닐 수 없었다. 미국이 초비상 끝에 찾아낸 원인은 다름 아닌 '수학'이었다. 즉 수학 실력이 부족하여 인공위성 발사에서 뒤졌다는 결론이었다. 미국은 이런 반성을 통해 중 · 고등학교 수학교육에 박차를 가했고, 지금도 수학 교육에는 투자를 아끼지 않는다.

이에 비해 우리나라는 어떤가. 미국에서의 이런 수학 열풍과 달리 우리나라에서 수학은 오히려 존폐 기로에 내몰리고 있다. 초·중·고교까지는 과외를 시킬 정도로 중요시되던 수학이 대학에 가서는 완전히 경시되는 풍토가 갈수록 심화되고 있다. 일부 대학은 수학과를 아예 없애고 전산 관련 학과와 통 · 폐합하여 '컴퓨터응용수학과' 혹은 '전산수학과'로 학과명을 변경하거나, '수리정보통계학부' 혹은 '수리정보전공'으로 변경하였다. 수학 과목 역시 정보나 전산 과목으로 대체되는 추세인데 이처럼 기초학문으로서의 수학과의 고유한 영역과 학문으로서의 역할이 위협을 당하고 있다. 이런 대학에서는 수학이 당장 손에 잡히는 실익을 가져다 주지 않는다고 소홀하게 취급하는 것이다. 여기에다 학부제로 인한 학생들의 이탈, 정부의 각종 연구비 지원 감소, 순수 기초과학 경시 풍조 등이 이런 추세를 더욱 부추기고 있다. 특히 수학을 학문으로 생각하지 않고 시험과목의 하나로 취급하려는 경향은 위험천만한 발상이다. 이것은 건강하고 굳건한 기초과학의 토대를 위협할 수 있기 때문이다.

몇 해 전 미국의 명문 로체스터대학교에서 있었던 일은 우리에게 좋은 귀감이 된다. 이 대학은 학교 쇄신책으로 수학과의 규모를 대폭 축소시키기로 했다. 그러나 이 소식을 전해 들은 미국 전역은 물론 세계 각국의 수학자들로부터 엄청난 저항에 직면했다. 노벨 물리학상 수상자인 노먼 램시(Norman Foster Ramsey Jr.) 박사는 "농담하지 마시오.

한 대학에서 과학 계통에 단 한 학과만 남겨야 한다면 그건 당연히 수학과입니다. 거기서부터 다른 과학 과목들이 뻗어 나갈 수 있으니까요"라고 비난조로 말했다. 하버드대 물리학과 교수 31명과 화학과 전체 교수들도 "수학과 과학기술 간의 긴밀한 관계를 모르는 몰상식한 처사"라고 로체스터대학교의 결정을 몰아세웠다. 각 대학과 연구 단체는 물론 세계 각국의 과학자 집단이 로체스터대학교에 보내는 빗발치는 항의에 대학 당국은 결국 그 계획을 철회하고 말았다. 대부분의 선진국에서는 이처럼 수학이라는 학문이 모든 기초과학의 원천이고 근원임을 인식해 지원과 육성을 아끼지 않고 있다.

그러나 우리나라는 수학을 경시하는 풍조가 갈수록 만연해 과학기술의 미래를 더욱 어둡게 만들고 있다. 이는 결국 수학자들의 전반적인 사기 저하로 이어져서 연구 풍토를 피폐하게 만들고 우리나라 기초과학의 토양을 약화시키는 결과로 귀결될 것이다. 국내에서 수학에 종사하는 학자는 1천 명 정도로 선진 G7 국가들의 절반 수준에도 미치지 못하고 있다. 선진국 수준의 연구가 이루어지려면 우리나라 인구로 보았을 때 적어도 2천 명의 수학 인력이 필요한 실정이다. 그런데 설상가상으로 정부의 지원도 감소하고 수학의 중요성에 대한 인식마저 약화된다면 우리나라의 과학기술 발전과 직결된 기초과학의 미래는 암담할 수밖에 없다.

21세기라는 지식 기반 사회를 앞두고 과학 정책 결정자들의 올바른 판단과 결정이 요구되는 시점이다. 이런 식으로 수학이 무관심 속에 방치된다면 한국의 기초과학의 미래는 돌이킬 수 없는 수렁에 빠질 수 있다는 점을 경고한다.

위 대 한
수학자들

피에르 드 페르마(Pierre de Fermat, 1601~1665)

프랑스의 수학자. 수론 · 해석기하학 · 미적분 · 확률론에 큰 업적을 남겼다. '페르마의 마지막 정리'로 유명하다. 데카르트와 함께 17세기 전반기의 두 주요 수학자로 불린다.

페르마는 파스칼과 도박 문제에 관한 서신을 주고받으며 확률론의 기초를 확립하였다. 페르마는 "n이 2보다 큰 자연수일 때, 방정식 xn + yn = zn을 만족하는 양의 정수 x, y, z는 존재하지 않는다"를 증명했는데 책의 여백이 없어서 더 이상 기록할 수 없다고 주를 달아 놓았다.

그는 이 외에도 많은 증명 없는 명제를 제출했는데, 이유는 증명을 몰라서가 아니라 경쟁자에게 비밀로 하기 위해서라고 전해진다. 357년 동안 미해결 문제였던 '페르마의 마지막 정리'는 1994년 미국 프린스턴대 앤드루 와일즈(Andrew John Wiles) 교수에 의해 증명이 되었다.

제5장 수학 전공자의 진로

신은 만물을 수로써, 즉 무게와 크기로써 만들었다.
– 뉴턴

수학은 가장 오래된 학문 중의 하나로 연산 구조가 정의된 수의 집합이나 함수, 그리고 공간에 관해 연구하는 학문이다. 수학자는 수학을 연구하고 발전시켜 나가는 사람을 말한다. 수학의 어원을 생각해 보자. 'mathematics'(수학)란 단어는 그리스어의 'mathematikos'에서 유래하였으며 그것은 다시 'mathesis'에서 유래하였다. mathesis는 '정신 수양' 또는 '배움'을 뜻한다. 플라톤은 math를 배우지 않은 이는 교육받은 사람이라고 할 수 없다고 말했다. 현대의 수학자는 수학적 이론, 계산적 기술, 알고리즘, 그리고 고도의 컴퓨터 지식을 이용하여 경제 · 과학 · 공학 · 물리 · 금융 · 우주항공 · 의학 그리고 비즈니스상의 문제를 해결한다.

수학은 그 성격에 따라 크게 순수수학과 응용수학 두 분야로 나눌 수 있다. 이 두 분야는 정확히 구분되지 않으며 서로 겹치는 부분도 많지만 구태여 설명하자면 다음과 같다.

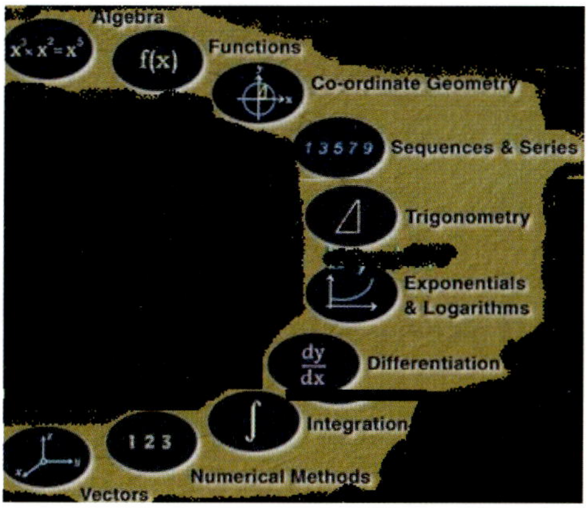

기하학
위상수학
대수학
함수
좌표기하
수열과 급수
삼각함수
지수와 대수
미분 적분
수치적 방법
벡터

주요 순수수학 분야

순수수학자들은 새로운 수학 이론을 정립하고, 기존의 수학 이론들간의 알려지지 않은 상관관계를 찾아내는 일을 통해 순수한 수학적 지식의 진보를 추구한다. 이러한 분야의 수학자들은 실용적인 활용성에 대한 관심보다는 수학의 근본적 지식을 증가시키는 일에 몰두하지만, 사실 이러한 순수하고 관념적인 지식이 많은 과학이나 공학적 성취의 근간이 되고 기초가 되고 있다. 많은 순수수학자들은 대학교수로 취업을 한 뒤 가르치는 일과 연구하는 일에 몰두한다.

반면, 응용수학자들은 수학적 모델이나 계산적 모델과 같은 이론과 테크닉을 이용하여 비즈니스·정부·공학·물리·일상생활, 그리고 사회과학 분야 등에서 실제적 문제를 해결하거나 또 다른 문제를 제기한다. 예를 들면, 비행 루트를 지정할 때 가장 효율적인 스케줄을 계산해낸다든지, 새로이 개발된 약품의 영향과 안전, 새로 개발하는 자동차의 기체역학적 성질, 혹은 생산과정의 효율적 대안 등을 분석한다. 산업체의 연구소나 개발팀에서 일하는 응용수학자들은 어려운 문제를 풀면서 수학적 방법을 개발하거나 증강하기도 한다. 또, 암호 해독자라 불리는 수학자들은 군사·정치·금융, 혹은 경찰 업무에 관련된 암호 시스템을 디자인하거나 암호를 분석하기도 한다. 따라서 논리성, 집중력, 의사소통 능력이 기본적으로 요구된다.

응용수학자들은 실제적 문제를 가지고 출발하여 관련된 여러 요소들을 분석한 다음 수학적 변수로 축소한다. 그들은 변수 사이의 상관관계를 분석할 때 컴퓨터를 곧잘 사용하고, 대안을 가진 새로운 모델을 개발함으로써 복잡한 문제를 해결한다. 그렇지만 수학이라는 학문이 다른 분야의 기초학문이다 보니 응용수학의 대부분의 일은 비수학자들에 의해 이뤄진다. 예를 들어 엔지니어, 컴퓨터 공학자, 물리학자, 경제학자들은 수학을 상당히 많이 사용한다. 통계학자, 보험 계리사, 작업 분석가 등은 실제로 수학의 특정한 분야에서 종사하는 전문가군이다.

수학자가 되기 위해서는 논리적이어야 하고, 기본 원칙을 가지고 기술적 문제들을 이끌어 내야 하기 때문에 문제를 파고드는 데 익숙하고 고도의 집중력을 가지고 있어야 한다. 또, 문제를 해결하기 위해서 다른 사람들과 많은 대화를 나누어야 하기 때문에 수학자의 의사소통 능력은 무엇보다 중요하다. 수학을 전공으로 하면서 컴퓨터공학에 대한 지식이 많으면 많을수록 직업인으로서의 수학자가 되는 데 크게 도움이 된다. 그리고, 박사학위는 전문적인 수학자가 되기 위한 최소한의 요건이라 할 수 있

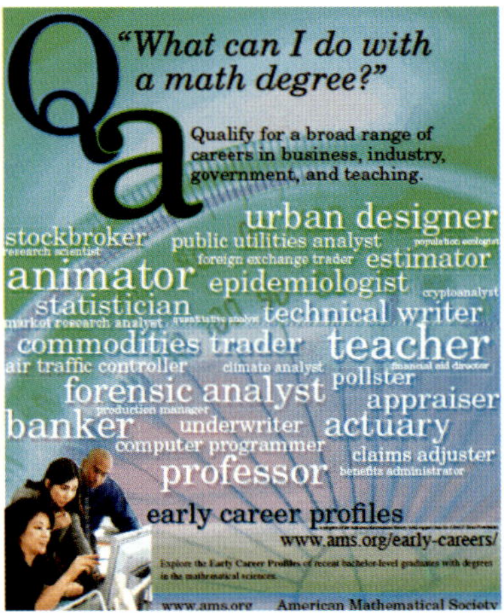

튼튼한 뿌리가 튼튼한 나무를 만든다. 수학은 기초과학의 핵심으로 튼튼한 뿌리이며, 첨단산업 공학은 나뭇잎과 열매라 할 수 있다.

다. 스스로를 수학자로 자칭하는 사람들은 수학을 사랑하고 즐기는 사람들이다. 수학자 폴 에어디쉬(Paul Erdos)는 『우리 수학자 모두는 약간 미친 겁니다』라는 자서전에서 수학 연구에 방해가 되기 때문에 취미나 여자 친구, 아내나 아이들도 없이 혼자 살았다고 말한다. 수학의 세계는 사람을 매료시키는 특별한 아름다움이 존재하며 이에 매료된 사람이 바로 수학자들이다.

위 대 한
수학자들

아이작 뉴턴(Sir Isaac Newton, 1643~1727)

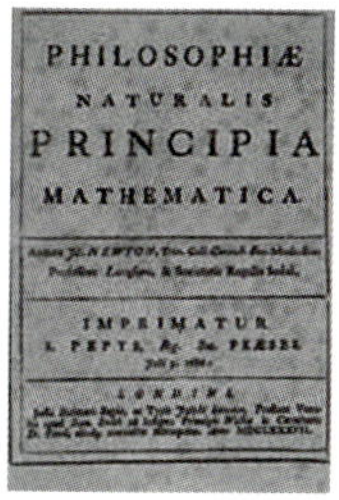

영국의 물리학자 · 천문학자 · 수학자, 근대 이론과학의 선구자. 수학에서는 미적분법을 창시하고, 물리학에서는 뉴턴역학의 체계를 확립했다. 또한 여기에 표시한 수학적 방법 등은 자연과학의 모범이 되었으며, 사상면에서도 역학적 자연관은 후세에 많은 영향을 끼쳤다.

대학 재학 시절 2항 정리를 발견하여 천재적인 재능을 인정받았던 뉴턴은 운동체의 속도를 구하는 과정에서 미분법을 발견하였다. 저서로 『자연철학의 수학적 원리』(일명 『프린키피아』) 등이 있다.

제6장 수학의 활용 분야

어떤 수학자들은 기쁨이란 진실을 발견하는 데 있는 게 아니라
진실을 추구하는 데 있다고 말한다.
– 톨스토이

강가에서 문명을 꽃피운 이집트나 메소포타미아 지역에서의 수학은 측량과 계산이라는 현실적 생활 수단으로 시작되었지만, 그리스로 전해지면서 인간의 논리적 사고 체계를 정교히 하고 이성을 드높이는 보편적 소양으로 승상되었다. 이성을 중시한 이러한 그리스의 헬레니즘적 사고는 서양 문명의 핵심으로 자리잡았고, 수학(그리스 시대의 기하학)의 논리성과 합리성은 최근에는 산업에서의 역할론 증대로 관심을 끌고 있다

수학은 기초과학뿐만 아니라 과학기술의 언어요 논리이다. 더욱이 수학은 과학기술뿐만 아니라 국가 안보, 의료 보건, 컴퓨터, 소프트웨어, 통신, 금융, 투자 등에서 6T에 이르기까지 그 응용 범위가 크게 확대되고 있으며, 선진국에서는 수학 전문가의 수요가 각 분야에서 증가하고 있다.

전통적으로 상아탑 속의 학문으로 평가받았던 수학은 20세기 말부터 정보통신과 생명과학의 혁명과 우주 국방 군사 시설의 첨단화, 그리고 금융시장의 확대와 더불어 거의 모든 과학기술과 산업 응용 분야에서 중추적인 역할을 하는 학문으로 새롭게 자각되고 응용되기 시작했다.

수학의 중요성과 응용성을 가장 먼저 파악하여 이를 적극적으로 지원하고, 각 첨단 과학기술 분야에 참여시킨 나라가 미국이다. 미국이 지금까지 세계의 강대국으로 지속적으로 군림하는 데는 수학을 비롯한 기초과학을 확실히 지원하고 장려하여 첨단 과학기술 개발에 필요한 튼튼한 토대와 인력을 확실하게 보유하고 있기 때문이다. 미국과학재단은 2009년에도 다른 분야에 대한 연구 지원액을 동결하였지만 유독 수학 분야에만은 16.5% 증액하였고, 기존의 프린스턴 · 버클리 · 미네소타대학의 수학연구소 이외에도 2000년 이후에 국립수리과학연구소를 4개나 신설하였다. 왜 그럴까? 대답은 간단하다. 꼭 필요해서이다.

첨단 정보 통신 분야로 불리는 전자 상거래, 전자 화폐, 전자 투표, 그리고 새로운 통신망 구축에도 암호 수학 이론이 필요하며, 첨단 무기 개발과 경제 금융 공학 분야의 새로운 모델링 개발에도 기하학과 수치해석학, 확률 통계론 등의 첨단 수학 이론 없이는 불가능하다. 그리고 나노기술, 생명공학, 의학에 있어서의 복잡한 현상들의 모델을 찾고, 엄청난 양의 데이터를 분석하는 알고리즘을 찾아내는 첨단 과학기술 연구에는 고등수학의 이론이 꼭 필요하다. 따라서 미국 · 독일 · 프랑스 · 일본 등 선진국에서는 20세기 이후 여러 첨단산업에서 폭증하는 수리과학의 필요성에 부응하여 순수수학 위주의 '상아탑 수학'에서 '첨단 과학기술'을 연구하고 다른 학제간 연계성에 초점을 맞춘 새로운 교량 형태의 연구가 진행되고 있다.

수학은 과학기술의 근간을 튼튼하게 하는 기초과학이기 때문에 정부가 정책적으로 지원을 해야 한다. 이것은 장기적으로 볼 때 최소한의 비용으로 최대의 효과를 낳을 수 있는 가장 확실한 투자라고 할 수 있다. 수학은 기초과학 중의 핵심이요 미래의 지식 기반 사회에서 우리나라 국력을 총체적으로 강화시키는 핵심 원동력이 되는 분야임을 재삼 강조하고 싶다.

다음은 각 분야에서 수학이 활용될 수 있는 첨단 과학기술 분야를 간략히 소개한다.

수학 분야별 활용 분야

수학 분야	활용, 응용 분야
해석학	〈IT, NT, ST 분야〉 – 정보 통신 분야: 영상 신호 처리, 데이터 수신에 조화 해석학은 시스템을 수학적으로 모델링하여 통신 서비스의 품질을 향상시킨다. – 나노기술 연구는 물리학, 화학, 공학뿐만 아니라 수학적 이론이 함께하면서 보다 연구가 다양해진다. 특히 양자역학, 계산 수학과 수치 해석학이 나노기술 연구에 필수적이다. – 의료 단층 촬영, MRI 촬영에 응용된다. – 우주 탑재체, 우주 장비 개발, 인공위성 제작 등의 기술에 기계공학, 전자공학, 정보 통신 분야와 더불어 수치 해석학 분야도 모형을 예측하고 계산하는 데 고등수학적 이론이 관련되어 있다. 고속의 컴퓨터 개발에 수치 해석학 분야가 특히 대표적인 방법론으로 중요시되고 있다. – 지문 데이터베이스 압축 프로그램 개발에 함수해석학이 쓰인다. 그리고 그래픽과 동영상 분야 개발에도 통신 수학 이론이 깊이 관여되어 있다.
대수학	〈IT, BT 분야와 관련〉 – 암호 관련 보안 기술의 핵심에 수학의 정수론이 있다. 정보 보호 문제는 앞으로 연구를 깊이있게 확대할 분야로 정수론과 기하학, 위상수학 등의 고도의 순수수학이 전자 상거래, 전자 화폐, 전자 선거 등의 확대에 크게 활용된다. – 정보 생물학 분야와 대용량의 테이터 처리 분야에 대수학의 조합론이 쓰인다.

수학 분야	활용, 응용 분야
미분기하학	〈컴퓨터 동영상 및 로보틱스 분야〉 – 컴퓨터 디자인과 그래픽, 동영상 자료 처리 등에 기하학적 기술 언어가 많이 쓰인다. – 컴퓨터 애니메이션, 로보틱스 분야에 활용된다.
위상수학	〈IT, BT 분야〉 – 순수수학의 영역이면서 기하학, 대수학, 매듭이론 등의 분야를 총망라하여 연구하는 분야로 최근에 들어 암호 문제, DNA, 산업적인 문제들을 푸는 근본적인 아이디어가 위상수학적 접근으로 많이 풀리고 있다.
수학 일반과 첨단 기술과의 관련성	〈IT, CT, ST, BT, NT, ET; 6T 전 분야〉 – 컴퓨터 개발의 핵심 분야이다. 특히 컴퓨터 그래픽과 기하학적 설계가 많이 쓰이는 애니메이션 등 영상산업의 경쟁력 확보에 미분기하, 대수기하, 수치해석, 편미분방정식, 상미분방정식 등 고도의 고등수학이 필수적이다. – 금융 수학은 과거 20년간 본격적으로 발전하고 응용된 분야로 재무적 리스크 관리, 채권 가치 평가, 금융 파생 상품 개발, 증권 분석 등 고난도의 금융 분야에서 필수적으로 응용되고 있다. 금융 수학에 쓰이는 확률론의 핵심은 편미분방정식이다. – 암호론은 국방, 통신, 전자 상거래 등 21세기 통신 분야의 핵심 기술로 수학의 정수론, 복소함수론, 대수기하학 등 고도의 순수수학이 요구되는 분야이다. – 초고속 과학 계산은 거의 모든 첨단 분야에서 필요한 부분이다. 정보 보호, 금융과 보험 수학, 신호 처리, 통신 수학, 영상 신호 처리, 생명 정보 수학, 계산 수학, 양자 계산, 그래픽 영상 처리 분야 모두 대규모의 빠른 수학적 계산에 의존한다. 여기에는 수치해석, 미분방정식, 정수론 등 수학의 거의 모든 분야가 관련된다. – 앞으로 항공기 설계, 반도체칩 설계, 암호 해독 등 무궁무진한 응용 분야가 포함되어 있다.

역으로 첨단산업 분야에도 수학의 여러 분야가 필요하다. 몇 가지 대표적인 것을 소개한다.

첨단산업에 필요한 수학 분야

첨단산업 분야	수학 분야
암호론과 정보 통신	국방, 통신, 전자 상거래 등 21세기 통상 분야에서 필수불가결한 분야로 정수론, 대수학, 복소함수론, 대수기학학 등 고도의 순수수학이 요구된다.
금융 수학과 보험 수학	오늘날의 새로운 금융과 보험 기법은 확률론, 통계, 수치해석, 최적화 이론, 제어 이론, 편미분방정식, 역학계 이론 등 고도의 수학에 의존한다.
컴퓨터 그래픽과 기하적 설계	만화 등의 영상 산업 경쟁력 확보의 원천이 될 알고리즘의 개발에는 미분기하, 대수기하, 수치해석, 편미분방정식, 상미분방정식 등 고도의 수학이 필수적이다.
초고속 과학 계산	암호, 금융, 양자계산(quantum computation) 그래픽, 동영상 분야 모두 빠른 수학 계산에 의존하며, 수치해석, 미분방정식, 정수론 등의 고등수학이 필수적이다.
환경공학	유전자 연구의 핵심인 생명 정보학은 생명과학과 수학의 결합으로 접근이 가능하다.
나노공학	극한의 개념에서 출발한 나노기술에서는 양자역학을 이용한 새로운 수학적 모델과 각 분야의 수학적 이론 없이는 원천적으로 기술 개발이 불가능하다.

위 대 한 수학자들

야콥 베르누이(Jakob Bernoulli, 1654~1705)

스위스의 수학자. 해석학을 전개하여 등하강곡선(等下降曲線)을 발견하였다. 그 외 급수에 관한 업적과 베르누이의 정리가 포함된 확률론에 대한 공헌, 진자(振子)의 진동 중심에 관한 연구 등이 있다. 베르누이 가문은 수학의 명문가로 동생인 요한 베르누이와 함께 '베르누이 분포' '베르누이 정리' '베르누이 방정식' '베르누이 수' '베르누이 다항식' '베르누이의 연주형' 등 자신들의 이름을 딴 많은 수학적 업적을 남겼다.

제7장 위상수학과 기하학의 관계

발명의 근원을 아는 것보다 더 중요한 것은 없다.
내 생각으로 그것은 발명 자체보다도 더 흥미롭다.
– 라이프니츠

기하학은 간단하게 말하면 도형의 성질을 연구하는 학문이라고 할 수 있다. 도형의 어떤 성질을 연구하느냐에 따라 여러 가지 기하학이 있을 수 있다. 도형의 성질 가운데는 위상적인 성질이 있다. 도형을 찢거나 하지 않고 늘이거나 줄여서 변형시킬 때 그대로 보존되는 성질을 위상적 성질이라고 한다. 이러한 위상적 성질을 연구하는 학문을 위상수학 또는 위상기하학이라고 하며, 위상수학의 체계적인 연구는 19세기 펠릭스 하우스도르프(Felix Hausedorff)에 의해 시작되었다. 위상수학은 크게 부분적인 연속성과 수렴 발산의 이론과 관련된 일반적인 위상수학과 특별히 대수(군 등)를 대응시켜 공부하는 대수 위상수학 그리고 대상의 미분 가능성에 중심을 두어 연구하는 미분 위상수학이 있다.

기하학은 공간의 수리적 성질을 연구하는 수학의 한 분야로 수학의 역사만큼 오래 전부터 연구되어 오던 학문이다. 고대 이집트에서는 홍

수로 나일강이 범람한 후에는 토지를 적절하게 재분배하기 위한 측량이 필요하였다. 이와같이 토지 측량을 위한 도형의 연구를 기하학의 기원이라고 본다. 'geometry'(기하학)에서 'geo'는 토지를, 'metry'는 측량을 뜻한다. 이집트인이 개발한 도형에 관한 지식은 지중해를 건너 그리스로 전파되었고, 경험적이었던 이집트인과는 대조적으로 추상적인 사고에 능했던 그리스인은 도형에 대한 개념을 새로이 형성하고, 연역적으로 논하였다. 특히 탈레스와 피타고라스는 기하학 발전에 공헌하였는데 두 삼각형의 합동, 비례 정리 등은 탈레스의 발견이었고, 피타고라스학파에 의해 피타고라스의 정리가 발견되고 증명되었다. 그 당시의 기하학에 관한 지식은 유클리드의 『기하학 원본(*Stoicheia*)』에 집대성됨으로써 유클리드기하학(초등기하학)의 체계가 비로소 완성되었다. 17세기에 접어들어 데카르트는 좌표라는 개념을 기하학에 도입하여 해석기하학을 확립하였다. 이것은 레온하르트 오일러(Leonhard Euler)의 노력으로 더욱 진전되었고, 그 후 뉴턴과 라이프니츠에 의해서 미적분학이 발견됨에 따라 기하학은 다시 미분기하학으로 발전하였다.

한편, 르네상스의 성당 건축의 필요에서 탄생된 석공술과 축성술에 자극을 받아 몽즈의 화법기하학이 탄생하였고, 이것은 사영기하학으로 발전하였다. 또 유클리드의 평행선 공리는 그 이전부터 비판의 대상이 되었는데, 19세기에 접어들어 그것을 부정한 비(非)유클리드기하학(Non Euclidian Geometry)이 니콜라이 로바체프스키(Nicolai Ivanovitch Lobatchevskii), 야노스 볼리아이(Janos Bolyai), 게오르크 리만(Georg Friedrich Bernhard Riemann)에 의해 확립되었다. 또한, 19세기 말 위상수학의 탄생과 더불어 도형에의 위상 도입, 두 도형의 동상과 위상사상(位相寫像) 등의 개념을 도입한 위상기하를 비롯해 군

(群)과 다양체 이론의 발전과 함께 탄생한 미분위상기하학 등은 수학뿐 아니라 자연과학 전반에 걸쳐 크게 기여하였다.

먼저 위상수학에 대해서 보다 자세하게 살펴보자.

위상수학(位相數學, topology)은 수학의 여러 분야를 통합하는 학문으로 20세기 들어와서 공간의 위치 관계, 가까움을 다루기 위해 만들어진 수학 분야이다. 위치와 형상의 학문이라는 뜻에서 위상, 위상수학, 위상기하학이라 명명되었다. 기하학적 성질 가운데 도형의 연속적 변형에 의해서 변화를 받지 않는 것에 관한 연구로, 오일러의 다면체론에서 출발, 쥘 앙리 푸앵카레(Jules Henri Poincaré)의 대수적 토폴로지(topology), 라위천 브라우버르(Luitzen Egbertus Jan Brouwer)의 부동점 정리(fixed point theorem)를 통해 정립되어 갔다. 위상수학은 실질적으로 푸앵카레에 의해 위치의 해석(analysis situs)이라는 이름으로 시작되었으며, 우리나라에서는 위상기하학(位相幾何學)이라는 이름으로 불리었다.

위상수학은 20세기에 만들어진 고도로 추상화된 수학이며 현대수학은 거의 모두 위상수학의 바탕 위에 형성되었다고 말할 수 있다. 위상수학의 가장 기본적인 개념들로는 열린 집합, 닫힌 집합, 연속성(continuity), 수렴, 극한, 컴팩트성=옹골성(compactness), 연결성(connectedness), 위상동형(homeomorphism), 기본군, 호모토피, 호몰로지, 코호몰로지, 다발(bundle), 층(層, sheaf), 다

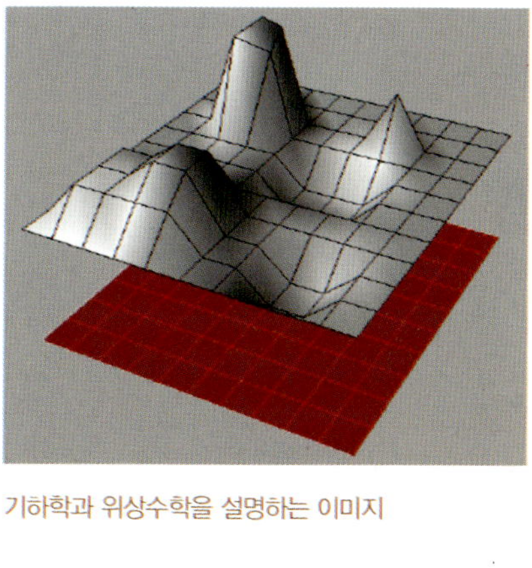

기하학과 위상수학을 설명하는 이미지

양체(manifold) 등이 있으며, 이 개념들은 분화되어 매우 복잡한 여러 가지 개념들로 발전된다.

푸앵카레는 가장 위대한 과학자 중의 한 사람으로 수학 · 수리물리학 · 천체역학 등의 분야에서 중요한 기본 원리를 확립하였다. 프랑스 낭시 태생으로 에콜 폴리테크니크에서 샤를 에르미트(Charles Hermite)의 가르침을 받았고, 1878년 파리대학에서 이학박사 학위를 받았다. 1879년부터 카엥대학에서, 그리고 1881년부터 1912년 생을 마칠 때까지 파리의 소르본느대학의 교수로 재직했다. 1887년 32세의 젊은 나이로 프랑스과학아카데미의 회원이 되었고, 1906년부터는 회장을 맡았다. 1909년 아카데미 프랑세즈(Académie française)의 회원이 된 그는 위상기하학에서 호몰로지 개념을 발견하고, 수학에서 가장 유명한 문제 중의 하나인 '푸앵카레 추측'을 제기한 것으로 특히 유명하다. 또한 삼체문제에 대한 연구로 결정론적 복잡계를 발견하여 현대적인 카오스 이론의 기초를 마련하는 등 수많은 영역에서 주요한 기여를 하였다.

위상수학의 대상은 위상(열린집합의 개념)이 정의된 모든 공간이지만, 대부분의 경우에는 자연스럽게 이러한 개념이 주어지는 거리 공간(metric space) 또는 이보다 조금 약화된 개념의 공간들을 대상으로 한다. 그리고 모든 개념과 응용의 바탕에는 연속성의 개념과 연속적인 변화에 대하여 변하지 않는 불변량인 위상 불변량(topological invariant)이 깔려 있다. 이러한 불변량의 대표적인 예로서 기본군 · 호모토피군 · 호몰로지군 등을 들 수 있으며 20세기 말에 미분구조의 불변량과 같은 개념이 발견되었고 연구의 중심으로 부각되었다.

위상수학의 기본적인 활용은 연속성의 이해에서 가능해지며, 이는 쉬운 말로 "input을 조금만 변화시키면, output도 조금만 변화한다"는 성질을 갖는 함수(input과 output 관계)를 이해하는 것이다. 자연현상이나 생활 주변에서 우리는 항상 이러한 상황을 가정하고 생활한다. 즉, 힘을 적게 주면 물체가 적게 움직인다거나, 전기를 조금 더 올리면 빛이 조금 더 밝아진다거나 하는 모든 현상은 연속적인 현상들이며 이는 사람들이 기본적으로 가정하고 있는 상황이다. 이러한 점에서 바라볼 때, 이러한 연속성이 깨지는 (불연속인) 현상은 매우 큰 관심의 대상이 되며 자연과학의 연구 대상으로 떠오른다. 20세기 중반을 넘어서 자연현상에서 이러한 연속성이 깨지는 대상을 연구한 대표적인 예로 분기 이론(bifurcation theory), 파국 이론(catastrophy theory), 혼돈 이론(chaos theory) 등이 있다.

위상기하학은 공간의 위상적 성질을 구체적으로 연구하는 수학의 한 분야로 공간의 1 대 1 연속 그리고 그 역도 연속인 사상에 대해서도 불변인 성질, 즉 위상적 성질을 연구하는 기하학이다. 이를테면 구면과 위상동형인 2차원 폐다면체의 꼭지점의 수 V, 변의 수 E, 면의 수 F 사이에는 V - E + F = 2라는 관계가 성립한다는 오일러의 정리는 전형적인 문제인데, 이는 위상기하학의 출발점이 되었다. 이 밖에 이른바 한 붓그리기의 문제를 포함하는 이론을 비롯하여 여러 이론이 알려져 있다. 그러나, 수학의 추상화에 따라서 그 대상도 구체적인 공간에서 추상적인 공간에까지 확장되었다. 이와 같이 추상공간을 위상공간이라고 하며, 위상적 방법과 대수적 방법을 병용함으로써 수학 해석 처리를 하는 부분이 탄생하게 되었다. 이러한 방법에 의한 수학, 즉 위상기하학을 비롯하여 위상공간론 · 위상해석학 등이 위상수학의 대종을 이루고 있다.

이상과 같이 위상기하학은 20세기 수학의 특징인 대역적인 성격을 단적으로 나타내고 있다는 의미에서 현대 수학을 대표하는 것으로서 다른 여러 분야에도 큰 영향을 미치면서 더욱 다채로운 차원으로 발전하고 있다. 위상수학 자체에서는 공간의 분류 등을 이해하기 위해서 대수위상과 호모토피 이론이 급속히 발달하였고, 가장 중요한 문제인 푸앵카레 가설에 대한 연구가 활발히 진행되고 있다. 부수적으로 양-밀즈 방정식 · 쌍곡기하구조론 · 복소다양체론 · 매듭론 등과의 관계가 연구되고 있다. 위상수학의 주요 연구 분야는 다음과 같다.

점집합 위상수학(Point-set Topology)

대수적 위상수학(Algebraic Topology)

미분 위상수학(Differential Topology)

기하학적 위상수학(Geometric Topology)

저차원 다양체론 및 매듭론(Low Dimensional Manifold Theory and Knot Theory)

다음으로 기하학에 대해서 보다 자세하게 살펴보자. 기하학(幾何學)은 주어진 형태 · 차원 · 공간에 대한 특성을 연구하는 학문이다. 기하학의 분류는 다음과 같다.

해석기하학 (유클리드기하학)	미분기하학
리만기하학	사교기하학
로렌츠 기하학	복소기하학
대수기하학	쌍곡기하학

유클리드기하학은 고대 그리스의 철학자 에우클레이데스(Eukleides)의 저서 『기하학 원본』에서 유래한다. 유클리드기하학은 평면상의 대상을 다루는 일반적인 직관에 가까운 기하학이며, 유클리드기하학을 따르지 않는 기하학을 통칭하여 비유클리드기하학이라 부른다. 고대 이집트와 그리스 등지에서는 토지 측량 등을 목적으로 기하학이 발달했다. 에우클레이데스는 그 성과를 4권으로 이루어진 저서 『기하학 원본』에서 체계화시켰다. 그 방법론은 다음과 같다.

먼저 점·선 등의 기초적인 개념을 정의한다(유클리드의 기하학에 대한 기초적 정의 23가지). 다음으로, 일련의 공리(公理, axiom)를 서술하여 공리계를 확립한다. 그리고 나서, 이들을 이용하여 500여 개의 정리를 증명해 나간다. 이러한 현대 수학에 가까운 완성된 형식을 취하고 있었기 때문에, 이후 기하학을 비롯한 수학 연구는 많은 경우 이 방법을 따랐다. 이렇게 기초가 확립되어 발전된 체계는 에우클레이데스에 의한 것이었기 때문에 유클리드기하학이란 이름을 얻게 된다.

유클리드 공준

임의의 점과 다른 한 점을 연결하는 직선은 단 하나뿐이다.

임의의 선분은 양 끝으로 얼마든지 연장할 수 있다.

임의의 점을 중심으로 하고 임의의 길이를 반지름으로 하는 원을 그릴 수 있다.

직각은 모두 서로 같다.

두 직선이 한 직선과 만날 때, 같은 쪽에 있는 내각의 합이 2직각(180°)보다 작으면 이 두 직선을 연장할 때 2직각보다 작은 내각을 이루는 쪽에서 반드시 만난다.

유클리드기하학은 오랜 세월 동안 유일한 기하학으로 군림해 왔지만, 원론의 다섯 번째 평행선 공리에 대한 의문에서부터 시작된 일련의 연구는 유클리드기하학의 틀을 벗어난 비유클리드기하학을 낳게 된다. 유클리드기하학과 비유클리드기하학은 서로 어느 것이 옳고 그른지를 따질 수 없는 두 개의 독립된 기하학이다. 평면이나 찌그러짐이 없는 공간의 도형의 성질을 다루는 것이 유클리드기하학이고, 곡면이나 휘어진 공간 등의 도형을 탐구하는 것이 비유클리드기하학이다.

독일의 수학자 펠릭스 클라인(Felix Klein)은 1871년 유클리드기하학과 비유클리드기하학을 다음과 같이 분류하였다.

분류	유클리드기하학	비유클리드기하학	
	포물선 기하학	쌍곡선 기하학	타원 기하학
직선 위의 한 점을 지나는 평행선의 개수	한 개	무수히 많음	없음
삼각형의 내각의 합	180°	180°보다 작다	180°보다 크다

비유클리드기하학의 의미는 가능한 기하학이 오직 하나만 존재한다는 생각에서 자유로워진 것으로 인공적 기하학의 창시로 인해 기하학은 실제적인 물리적 공간에 얽매일 필요가 없음을 증명한다.

현대에는 대상을 이해하는 데 모든 수학 분야가 통합되어 연구하는 경향으로 가고 있다. 특히 위상수학과 기하학은 동전의 양면과 같이 상호작용을 하며 연구에 시너지 효과를 나타내고 있다. 집합론을 근본으로 하여 수학 전반에 위상수학 및 기하학이 사용되어 오다가 하우스도르프에 의하여 일반 위상수학이 정립되었고 이에 따라 해석학의 이론이 보다 공고해졌다. 많은 수학자들이 위상의 정의로부터 공간의 성질을 이해하고 구분(classification)하고자 하였다. 유클리드 공간과 국소적으로 같은 위상공간 다양체를 이해하고자 수학자들은 기존에 잘 알려진 대수학적으로 또는 해석학 및 기하학적으로 미분위상수학 다양체 연구를 하기 시작하였다.

많은 연구 결과가 나왔지만, 가장 간단한 구에 대한 연구도 아직 진행 중이다. 예를 들면 n차원 구의 호모토피군 문제, 4차원 구의 미분 구조 문제 등이다. 1960년대 스티븐 스메일(Stephen Smale)이 h-코보디즘을 이용하여 5차원 이상 구에 대한 푸앵카레 가설을 해결하려 했고, 1980년대 마이클 프리드만(Michael Hartley Freedman)이 다양체의 수술을 이용하여 4차원 다양체 위상구조를 밝힘으로써 4차원 구에 대한 푸앵카레 가설이 해결되었다. 이어서 사이먼 도널드슨(Simon Kirwan Donaldson)이 게이지 이론을 이용하여 4차원 다양체의 미분 구조를 밝히는 불변량의 발견으로 많은 다양체가 미분 구조를 가질 수 없음이 밝혀졌고, 같은 위상 다양체 내에 다른 미분 구조가 있음도 밝혀졌다.

또한 1980년대부터 윌리엄 해밀턴(William Rowan Hamilton)은 리치-흐름에 관하여 많은 업적을 냈으며, 이를 이용하여 2004년도에 해밀턴의 결과를 이용하여 러시아의 은둔 수학자 그리고리 페렐만(Grigory Yakovlevich Perelman)이 3차원 구에 대한 푸앵카레 가설이 진임을 증명하였다. 2006년 8월에 스페인 마드리드에서 열린 국제수학자대회(ICM)에서는 국제수학연맹(IMU)의 이름으로 페렐만의 업적에 대해 필즈메달을 수여하고자 하였으나 그는 필즈상 수상을 거절하였다.

1990년대 중반에 뒤틀린 스핀구조를 이용한 사이버그-위튼 불변량이 정의되어 톰가설이 증명되고, 이는 심플렉틱 다양체에 대한 그로모브-위튼 불변량 연구의 가교 역할을 하였다. 그로모브-위튼 불변량은 2000

년대에 들어 심플렉틱 다양체에서 2차원 심플렉틱 부분 다양체의 개수와 성질에 관한 연구로 1980년대 그로모브의 연구에 기초를 두고 있으며 물리학과 대수기하학적으로 연구하고 있는 거울 대칭성과 양자 코호몰로지 연구에 연결되어 있다.

이와같이 위상수학자 및 기하학자들은 끊임없이 신이 만든 자연의 구조를 이해하고자 노력하고 있다. 이들은 자연의 원리와 구조를 밝힘으로써 과학기술과 산업 발전에 크게 이바지하며 우리 생활을 더욱 풍요롭고 윤택하게 할 것이다. 앞으로 위상수학과 기하학의 응용분야는 무궁무진하게 다양해지고 있다. 몇 가지 대표적인 방향은 다음과 같다.

1. 수리물리학(Mathematical physics)
2. 수리경제학(Financial mathematics)
3. 생물수학(Biomathematics)
4. 컴퓨터 수학(Computational mathematics)
5. 산업수학(Industrial mathematics)
6. 컴퓨터 과학(Computer Sciences)
7. 게임 이론(Game Theory)

특히 수학과 물리학의 접목이 눈에 띈다. 인간이 자연의 법칙을 보다 깊이 탐구하는 데서 수학과 이론물리학이 태동했다. 그 근거로는 라이프니츠와 뉴턴의 미분적분학의 발견, 아인슈타인의 일반상대성이론과 리만기하학, 디랙의 장이론과 스핀 기하학, 맥스웰의 전자기 방정식과 드람 코호몰로지 이론, 양밀즈의 게이지 이론과 도널드슨의 4차원 다양체의 응용, 끈 이론과 리만 곡면론, 사이버그-위튼 이론, 그로모브-위튼 이론에 따른 퀀텀 코호몰로지, 카오스 이론, 거울 대칭성 이론, 블랙홀 이론, 양자장 이론 등에서 찾아볼 수 있다.

수학과 이론물리학은 같은 뿌리에서 출발했지만 학문의 성격상 추구하는 본질은 각기 다르다고 할 수 있다. 수학자는 대상을 수학적 엄밀성에 입각하여 수학적 구조를 밝히고 이론을 정립해 나가는 반면에, 이론물리학자는 대상의 물리적 성질에서부터 물리학적 이론을 정립해 나간다. 두 학문이 각기 발전해 나가고 분화되어 감에 따라 수학자와 이론물리학자 사이에 학문적 연구 방법이 다르고, 사용하는 언어가 달라졌으며 또한 관심사에서도 차이가 생겨 서로간의 의사소통이 어렵게 되었다. 그럼에도 불구하고 위에서 열거한 예에서도 알 수 있듯이 최근 들어 더 많은 이론물리학자들이 자연에 대한 수학적 모델을 찾고 있어서 수학자들로서는 새로운 영역으로 대상을 넓힐 수 있고 기존의 난제들을 다른 각도에서 보고 이용할 수 있게 되었다.

이론물리학자들도 잘 개발된 고등수학을 자연현상을 구조화하고 유추하는 데 이용할 수 있게 되었다. 예를 들면 물리학자들이 모듀라이 공간의 매개변수 개수를 찾는 데 빠뜨린 것을 지표이론으로 완성할 수 있었고, 수학자들도 도널드슨 정리를 위시하여 수많은 어려운 문제들을 이론물리학의 이론을 이용하여 해결할 수 있었다. 이렇듯 수학과 이론물리학의 학문적 밀접성은 무한한 상부상조의 가능성을 내포하고 있으며 선진국들은 이를 알고 이미 학문적으로 이용하고 있다. 연구소의 활동을 예로 보

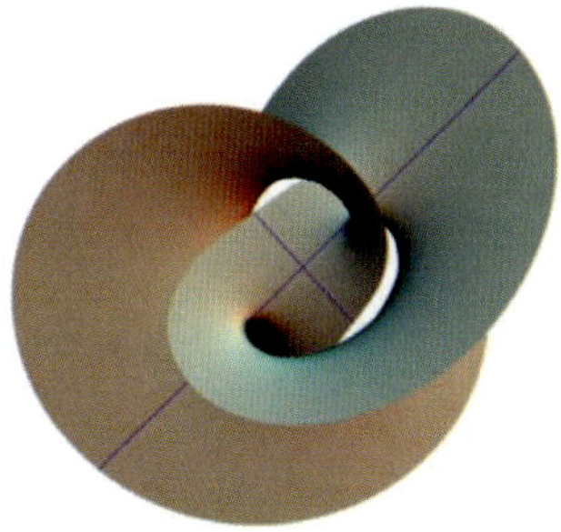

한 끝을 갖는 미니멀 클라인 병(단 하나의 경계 커브)

수학은 우리 주위에 널려 있다. 우리가 보는 거의 모든 현상에 수학이 들어 있지만 우리가 느끼지 못하고 깨닫지 못할 뿐이다. 인간은 역사상 가장 어려운 수학 문제도 증명하였다. 그러나 가장 훌륭한 수학자는 자연이다. 꽃잎의 배열에서부터 미세한 눈꽃 모양에 이르기까지 자연은 여러 형태에서 대칭, 기하학적 패턴 그리고 그 이상의 형태로 모양을 드러낸다.

더라도 미국의 프린스턴에 있는 고등연구소, 영국의 케임브리지에 있는 뉴턴연구소와 옥스퍼드의 수학연구소, 러시아의 스테크로브수학연구소에서는 수학자와 이론물리학자들이 함께 연구 활동을 하고 있으며, 일본 교토대학에서도 수학자들이 이론물리학 세미나에 참석한다.

현재 우리나라의 상황은 수학자들과 이론물리학자들이 선진국에서 각자 전공 학문을 배워오는 데 집중하여 점차적으로 정착되어 가고 있는 단계이다. 따라서 선진국과 같이 수학자와 이론물리학자가 서로 관심을 갖고 타 분야의 연구에 도움을 주고 공동 관심사에 대해서 적극적으로 함께 연구를 추진해 나간다면 우리나라의 학문도 크게 발전하여 선진국들과 당당히 어깨를 겨룰 수 있으리라 믿는다.

위 대 한 수학자들

고트프리드 라이프니츠
(Gottfried Wilhelm Leibniz, 1646~1716)

독일의 철학자 · 수학자 · 자연과학자 · 법학자 · 신학자 · 언어학자 · 역사가. 수학에서는 미적분법의 창시로, 미분 기호, 적분 기호의 창안 등 해석학 발달에 많은 공헌을 하였다. 역학(力學)에서는 '활력'의 개념을 도입하였으며, 위상(位相) 해석의 창시도 두드러진 업적 중의 하나이다.

17세기의 세계적 천재. 극한에 의한 구분구적법을 정적분법으로 연결시켰고 적분기호 ∫를 도입하였다. 아리스토텔레스에 견줄 만큼 폭넓은 연구를 한 학자이다. 미적분법은 라이프니츠의 것이 더 편리하다. 베를린 학사원을 만들고 유럽 각지에도 학사원을 세울 것을 장려하여 학문의 발전에도 힘썼다. 어릴 때부터 조숙한 천재로서, 혼자 힘으로 방대한 서적을 익히고, "말에는 명석함을 사상(事象)에는 유효성을" 찾는 것을 알았다고 한다. 14세에 라이프치히대학교 법과에 입학, 20세인 1666년에 졸업했다. 마인츠의 법전 수정 작업을 한 다음, 1672년 외교 사절로 파리에 가서 1676년까지 체류했다. 이 사이 특히 수학을 연구, 미적분학의 기본 정리를 발견하고, 위치 해석의 새 방법에 대한 착상을 얻었다.

제8장 시간 속의 수학

우리는 우리의 판단력보다는 도리어 대수적 계산에 신뢰를 두어야 한다.
– 오일러

달력과 더불어 일반 사람들이 수를 가장 많이 보는 것은 시계를 통해서이다. 시계 속에는 수학적으로 여러 가지 진법과 실험을 통한 최적화 이론이 숨겨져 있다. 고대 사람들은 낮과 밤의 반복에 의해 날을 헤아리고, 그림자의 변화에 따라 시간의 경과를 알았다.

최초의 시계는 1개의 막대를 땅 위에 세웠던 그노몬(gnomon)이다. 고대 이집트에서는 오벨리스크가 그노몬으로 쓰였고, 지침(指針)은 지축에 평행하게 기울어지도록 하여 1년 동안 그림자 길이는 변해도 방향은 변하지 않도록 개량되었는데 이것이 해시계(sun dial)이다. 해시계는 처음에 바빌로니아, 이집트에서 만들어져 차츰 동서로 전해졌다고 한다. 그러나, 해시계는 밤 동안이나 날씨가 궂은 때에는 사용할 수 없었고 시간을 세분하는 데 적합하지 않았기 대문에 이 결점을 보완하여 물방울을 이용한 물시계 클랩시드라(clepsydra)가 고안되었다.

고대 이집트에서는 이미 1년을 365일로 나누는 달력을 사용하고 있었고, B.C. 1550년 무렵에는 이러한 종류의 시계를 이용하여 낮과 밤을 각각 12등분(12진법)하였다는 사실이 알려져 있다. 그 뒤 모래시계·불시계(양초, 램프) 등이 고안되었으며, 각각의 특징에 따라 이것은 근세까지도 사용되었다. 그러나 이러한 시계는 정밀도가 떨어져서 늘 해시계와 비교하면서 어떤 시간을 등분하는 보조적인 장치였다.

15세기 현 멕시코 지역에 근거한 아즈텍문명 시계로 태양력과 수학적 공식에 근거하여 만들어졌다. 돌의 무게만 25톤이고 지름은 3m35cm이다.

초창기의 시간 측정 방법들은 대개 땅위에 세운 막대기의 그림자가 가장 짧아지고 이튿날 다시 똑같은 상태가 될 때까지의 시간을 '진태양일(眞太陽日)'로 정했는데, 이 진태양일의 길이는 1년을 통해 많은 변화가 있었다. 이러한 불편을 없애기 위해 유럽에서는 18세기 중엽부터 19세기 말에 걸쳐 1년마다 평균을 내어 평균 태양일을 정하고 이것을 24등분(24진법)한 것을 시(hour), 시를 60등분(60진법)한 것을 분(minute), 분을 60등분한 것을 초(second)로 하는 제도가 시작되었다.

1927년 수정시계의 출현으로 그때까지 최고의 정밀도를 지닌 시계였던 지구 자전 속도(정밀도 ±1억분의 5)의 불규칙성이 발견되어 정확한 시계의 기준이 될 수 없음이 판명되었다. 1960년 국제도량형총

그노몬

카르나크(Karnak) 신전의 클렙시드라(Clepsydra)는 기원전 1400년에 만들어져 르네상스 시대를 거쳐서 바로크 시대까지 사용하였다.

회(CGPM)는 1초를 1900년 초 시점에서 측정한 1태양년의 3,155만 6925.9747분의 1이라고 정의하고 이것을 시간의 단위로 하였다. 또한 1967년 이 총회는 그 1초에 맞추어 국제단위계(SI)의 시간 단위 '초'를 세슘 133의 바닥 상태에서 2개의 초미세 구조 사이의 전이(轉移)에 대한 방사 주기의 91억9,263만1,770배로 했다. 이로써 초의 단위는 천문학적 정의에서 독립하였다.

기계식 시계가 발명된 것은 1300년 전후로 추측된다. 14세기가 되자 북부 이탈리아를 중심으로 유럽의 주요 도시는 시간을 알리는 장치가 있는 공공 시계탑을 다투어 설치하였다. 파리의 대법원에 있는 시계는 1370년 독일인 비크가 프랑스의 샤를 5세를 위해 만든 것으로 현존하는 시계 중 가장 오래된 것으로 유명하다.

또 이탈리아의 돈디가 제작한 높이 1.4m의 천문시계는 현존하지는 않으나 1364년에 씌어진 문헌에 기록이 남아 있으며, 1960년 정밀한 복제품이 만들어져 미국의 스미스소니언박물관에 소장되어 있다. 당시의 시계 구조는 무거운 추의 힘으로 기어를 회전시켜 관형 탈진기에 관성이 큰 막대 템포를 물려 축의 회전을 억제하는 방식이었다. 막대 템포 자체는 오늘날의 진자나 템포처럼 등시성(等時性)을 가진 진동을 하지 않기 때문에 시계의 오차는 하루에 30분이나 되었다. 이 때문에 당시의 시계는 시계바늘이 한 개뿐이었고, 눈으로 보는 것이 아니라 종으로 시각을 알리는 것이었다.

태엽 발명에 의해 탁상시계가 만들어진 것은 15세기 전반이다. 태엽 시계의 가장 큰 문제점은 감긴 상태에 따라 태엽의 힘이 크게 변동하여 시간이 맞지 않는다는 것이었다. 이 때문에 발명자는 분명하지 않지만 레오나르도 다 빈치가 남긴 기록에 보이는 균력차(fusee)와 스택 프리드(stack freed) 장치가 고안되었다. 1583년 갈릴레이에 의해 진자의 등시성이 발견되자 네덜란드의 과학자 크리스티안 호이겐스(Christiaan Huygens)는 이것을 이용하여 1657년 최초의 진자시계를 완성하였고, 1675년 템포와 소용돌이 모양의 유사(遊絲)를 조합시킨 조속기(調速機)를 발명하였다. 이 등시성을 가진 조속기의 발명은 시계의 정밀도를 높여 고정밀화의 길을 열었다.

1410년대 시계(프라하 소재)

17세기 전반 세계 경제의 중심이 영국으로 옮겨짐에 따라

조선시대 측우기(좌)
조선시대 해시계(우)

시계에 관한 발명도 영국에서 많이 이루어졌다. 16세기 이래 스페인·네덜란드·영국·프랑스 등의 해운국이 '경도(經度)의 발견'을 국가적 과제로 삼아 최고의 정밀도를 지닌 휴대용 시계, 머린크로노미터의 제작을 장려한 일도 있다. 1704년 런던에서 활동하고 있던 스위스인 파티오가 루비에 구멍 뚫는 방법을 발명함으로써 보석 베어링을 활용하게 되었고, 17세기의 훅, 클레망, 토마스 톰피온, 조지 그레이엄(George Graham), 토마스 머지(Thomas Mudge) 등의 탈진기 발명, 18세기에는 그레이엄의 수은보정진자 등 주요 발명이 뒤를 이어 시계의 구조는 크게 개선되었으며 많은 기능이 부가되었다.

19세기가 되자 공장이 설립되어 개인에 의한 제작은 차츰 그 모습을 감추었다. 그때까지 세계 제일의 시계 산업국이었던 영국은 1840년 무렵부터 쇠퇴했고 대신 스위스가 두각을 나타내기 시작하였다. 20세기 초에 출현한 손목시계는 제1차 세계대전 후 크게 유행하였고, 1924

년에는 영국인 하우드의 자동 태엽 손목시계가 시판되었다. 시계의 정밀도 향상에 큰 공헌을 한 사람은 스위스의 샤를 기욤(Charles Edouard Guillaume)이다. 기욤은 니켈철합금, 온도 변화에 대하여 신축이 적은 인바(invar)와 탄성 변화가 적은 엘린바를 발명하여 1920년 노벨 물리학상을 받았다. 인바는 진자의 대(臺) 등에, 엘린바는 템포의 유사에 사용되어 시계의 실용 정밀도를 크게 높였다.

18세기는 시계의 구조, 기능에 대한 개량 시대, 19세기는 제조법의 개혁 · 진보의 시대, 20세기는 시계 산업에서 기계 시계의 완성기, 그리고 혁명적인 전기 · 전자시계로의 전환 시대가 되었다.

위대한 수학자들

오일러(Leonhard Euler , 1707~1783)

오일러는 18세기에 가장 유명한 스위스 수학자로 삼각법을 하나의 독립된 수학 분야로 발전시켰다. 그는 삼각함수의 기호인 사인(sin) · 코사인(cos) · 탄젠트(tan)와 허수의 기호 I, 자연대수의 밑수 e를 처음으로 사용하였다. 수학의 천재인 오일러는 삼각법 · 삼각함수 · 복소수 등 관계하지 않은 분야가 거의 없을 정도였다.

20대에 오른쪽 눈의 시력을 잃었는데 그는 "한 눈으로 보니 모든 현상이 더욱 또렷이 보인다"라고 토로했다. 60대에 왼쪽 눈마저 실명했으나 기억력에 바탕을 두고 연구를 계속했다. 오일러의 실명은 베토벤이 청각을 잃은 것과 비교된다. 오일러의 업적은 수학에서 오일러 각도, 오일러 방정식, 오일러-라그랑주 방정식, 코시-오일러 방정식 등으로 남아 있다.

제9장 절기 속의 수학

인간의 지식은 모두 직관으로부터 시작하여 개념으로 나아가서 아이디어로 끝난다.
– 칸트

절기(節氣)는 우리 민족의 생활양식 주기라 할 수 있다. 우리 민족은 전통적으로 태음태양력의 역법인 현재의 음력과 계절의 변화에 맞는 24절기의 조화로운 사용으로 농경 사회의 규칙적 삶의 양식을 만들어 냈다. 여기에서 다양한 세시풍속이 생겨나고 24절기 외의 여러 명절이 추가되어 인정과 멋이 넘치는 삶을 영위해 왔다.

음력은 달의 운동에 근거하여 만들어지기 때문에 태양의 움직임은 잘 나타내지 못한다. 계절의 변화는 태양의 운동에 의해 결정되므로 음력 날짜와 계절의 변화가 일치하지 않자 이런 문제점을 보완하기 위해 음력에서는 계절의 변화, 즉 태양의 운동을 표시해 주는 24절기를 도입해 같이 사용하였다. 따라서 음력은 태양의 움직임을 24절기로 표시해 주기 때문에 태음태양력이라고 한다. 즉 달(태음)과 태양의 운동을 모두 고려하는 역법이란 뜻이다.

24절기와 60갑자의 기본을 이루는 십간(위)과 십이지(아래)

24절기는 태양의 운동에 근거한 것으로 태양이 남쪽에서 북쪽을 향해 적도를 통과하는 지점인 춘분점으로부터 태양이 움직이는 길인 황도를 따라 동쪽으로 15° 간격으로 나누어 24점을 정하였을 때 태양이 각 점을 지나는 시기를 말한다. 좀 더 정확히 말하면 천구상에서 태양의 위치가 황도 0°일 때 춘분, 15°일 때 청명, …… 300°일 때 대한이라고 칭한다($24 \times 15° = 360°$). 이들 24절기는 계절의 특성을 말해 주지만 우리나라의 기후와 정확하게 들어맞는 것은 아니다. 24절기는 중국의 주나라 때 화북 지방의 기상 상태에 맞춰 붙여졌기 때문이다.

절기는 이처럼 음력을 쓰는 농경 사회의 필요에 따라 양력과 관계없이 만들어졌지만, 태양의 운동을 바탕으로 했기 때문에 결과적으로 양력의 날짜와 일치하게 된다. 실제로 달력을 놓고 보면 24절기는 양력으로 매월 4~8일 사이와 19~23일 사이에 온다. 절기와 절기 사이는 대부분 15일이며, 경우에 따라 14일이나 16일이 되기도 한다. 이는 지구의

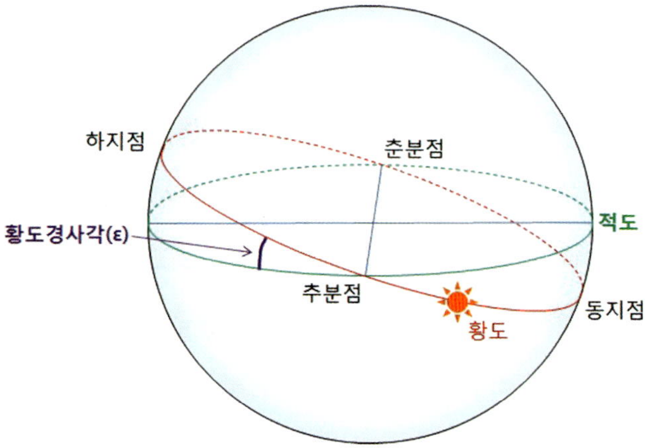

하늘에서 태양이 1년을 통해 지나가는 경로를 황도(the Ecliptic)라고 부른다. 이것은 지구의 공전운동으로 인해 태양의 위치가 상대적으로 하루에 1도씩 천구상에서 이동해 생기는 궤도이다. 따라서 실제로는 지구가 공간상에서 움직이는 길이 황도이다.

공전궤도가 타원형이어서 태양을 15° 도는 데 걸리는 시간이 똑같지 않기 때문이다.

우리나라에서 사용하던 달력의 유래를 살펴보면 삼국시대에 백제가 중국에서 들여온 송나라의 원가력을 사용했다는 기록이 있다. 그 후 조선조에 들어와 세종대에 일종의 태음력인 칠정산 내편(七政算內篇)과 외편(外篇)의 역법을 만들었는데, 칠정이란 역목 · 태양 · 태음 · 중성 · 교식 · 오성 · 사여성의 7개 천문을 일컫는 것이다. 실제로 달력을 사용한 것은 조선조 효종 4년(1653)에 청나라에서 수입된 서양 천문학에 영향받은 시헌력을 채용한 때부터이다. 그리고 현재 공식적으로 사용되는 태양력은 고종 32년(1895)이 시초이다.

절기는 태음태양력이 계절의 변화와 다소 불일치하는 것을 보완하기 위해 태양의 주기에 기초하여 1개월에 2개씩의 절기를 지정, 계절의 변화에 대응했기 때문에 실제 중세의 농경 사회의 농민들은 1년의 역법보다는 24절기에 더 큰 비중을 두었다. 그들은 대략 15일 간격으로 변하는 절기에 따라 농사의 시종을 이루고 시간과 계절에 순응하면서 생활했던 것이다.

전통의 절기를 지정하는 방법은 평기법(平氣法)과 정기법(定氣法) 두 가지가 있다. 먼저 오랜 세월을 사용한 절기 지정 방법은 평기법으로 만든 절기이고, 청나라 때의 시헌력이 사용되면서 채택된 절기 사용법이 정기법이다. 평기법은 1년을 24등분해서 황도상의 해당 점에 각 기(氣)를 매기는 방법으로 동지를 기점으로 중기와 절기를 매겨 15.218425일씩 더하면서 24절기를 정하는 방법이다. 또한 정기법은 황도상의 동지점을 기준으로 태양이 동쪽으로 15° 간격으로 변화될 때마다 절기와 중기를 매겨 나가는 방법이다.

인류가 역법을 만들어 사용하고 있는 달력은 태양과 지구 · 달의 변동에 따라 만들어진 것으로 관측의 대상에 따라 태음력과 태양력 · 태음태양력 세 가지로 분류할 수 있다. 태음력은 달의 운행만을 기준으로 삼아 달이 평균 29.53059일을 주기로 차고 지는 것을 한 달로 정해서 만든 달력이다. '순태음력'으로도 불리는데, 현재 일상에서 사용되는 우리의 음력과는 다른 역법이다. 윤달을 사용하지 않아 계절과 달력이 점차 달라지는 결점이 있지만 현재에도 이슬람 문화권에서 사용하고 있다. 태양력은 현재의 양력으로 태양의 공전주기인 365.2422일을 열두 달로 나누어 만든 것이다. 로마시대를 기원으로 보는데, 율리우스력에서 그레고리력으로 발전했다. 율리우스력은 로마의 대황제 율리우스 카이사르(Gaius Julius Caesar)가 그리스에서 사용하던 것을 수정해서 사용했는데, 1년을 365일로 정하고 4년의 배수가 되는 서기 연도에 윤년을 두었다. 하지만 1년을 365.25일로 정하다 보니 실제의 1년과는 0.0078일의 오차가 있다. 그 후 1582년 로마 황제 그레고리 13세가 3월 11일에 태양이 춘분점을 통과하는 것을 알고 율리우스력을 개선하여 현재의 양력을 만들어 400년 사이에 97회의 윤년을 넣었다.

태음태양력은 우리의 일상에서 사용되고 있는 음력이다. 태음력의 오류를 보완해서 윤달의 개념을 삽입해 달력과 계절의 불일치를 다소 해소했다. 자세히 살펴보면 태음태양력은 태양 공전주기 365.2422일과 달의 공전주기 354일의 차이 11.25일을 보완하기 위해 19년간 7번의 윤달을 넣어 대략 3년 정도의 간격으로 1년을 13개월로 만들어 계절과 역법을 일치시킨 것이다.

간지(干支)는 우리의 전통문화 속에서 실생활과 밀접한 관계를 맺고 있는 소중한 자산이다. 인류가 날짜의 변화에 대한 인식에서 출발해 역법을 만들어내게 되었는데, 동양에서는 간지를 적용해 활용한 것이다. 십간(十干)은 일반적인 학설로는 중국 한나라 때 완성된 것으로 전해진다. 그러나 어느 한 시대의 창작물로 보기보다는 고대의 주술적 활동과 철학적 사유, 또한 문명의 발달 등이 종합된 고대 역법의 결정체라 할 수 있다. 10개라는 숫자의 의미는 열흘인 1순(旬)의 의미에서 온 것으로 보이며, 이는 달의 변화를 기준으로 한 달이 29일 내지 30일이므로 10일씩 나누어 3순으로 정했던 듯하다. 현재까지 상 · 중 · 하순으로 표현되는 것과 같다. 이렇게 10일의 의미로 10개의 명칭을 붙여서 사용해 온 것이다. 명칭은 처음 십간(十幹)으로 쓰이다가 십간(十干)으로 변했고, 점술가들에 의해 오행을 결부시켜 천간(千干)으로 불리게 되었다.

십간이 날짜를 표시하는 부호로 사용되었다면, 십이지(十二支)는 12개의 달을 의미하는 부호로 사용되었다고 볼 수 있다. 십이지의 명칭은 처음 십이진(十二辰) · 십이지(十二支) 등으로 쓰이다가 현재의 십이지로 변화되었고, 역시 점술가들에 의해 오행이 결부된 지지(地支)로 표현되기에 이르렀다. 또한 십이지에는 동물을 결합시켜 십이지수(十二支獸)라고 하기도 하는데, 일반적으로 음양설이나 불교사상 등의 영향을 받은 것으로 보고 있다. 시각과 방위까지 결합시켜 우리의 일상에 오랜 세월 동안 사용된 십이지에서는 특히 시각의 표시에서 새로운 날의 시작인 자시(子時)가 현재의 시각으로 오후 11시에 해당되므로 현재의 날짜 변경과는 1시간이라는 큰 차이를 보인다.

위대한 수학자들

장 르 롱 달랑베르
(Jean Le Rond d'Alembert, 1717~1783)

프랑스의 수학자 · 철학자 · 물리학자 · 저술가이다. 뉴턴의 제2법칙을 변형한 달랑베르의 원리를 발표했다. 동역학과 유체역학 및 편미분 방정식 발전에 크게 기여하였다. 그가 발견한 달랑베르의 원리(d'Alembert's principle)는 고전적인 물체의 운동을 기술하는 기초적인 원리이다. 생애 초반에는 신학 · 의학 · 법률을 공부해 변호사가 되었다.

1741년 미적분에 관한 저술을 발표하였고, 1743년 『역학편』을 저술하여 유명해졌다. 회의론적인 철학 사상을 지녔으며, 뒤에 나타난 실증주의의 선구자가 되었다. 디드로(Denis Diderot)와 함께 『대백과전서』를 편찬, 서론과 수학 항목을 담당하였다. 철학 저서로 『철학 원리』를 남겼으며 해석역학(解析力學)의 기초를 구축하였다.

제10장 달력 속의 수학

수학적 창안의 동력은 추론이 아니고 상상력이다.
– 모간

우리가 일상생활에서 수를 가장 많이 보고 접하게 되는 것은 아마 달력일 것이다. 달력은 시스템화된 수의 모음이되 인간의 역사를 기억하고 기록하는 데 쓰이는 중요한 도구이기도 하다. 오늘날의 달력이 있기까지의 유래와 역사에 대해서 알아보는 것은 흥미로운 일이다.

달력의 유래

연(年), 월(月), 일(日)은 태양, 지구, 달의 천체 운동 주기에서 만들어진다. 연은 지구가 태양 주위를 한 바퀴 도는 데 걸리는 시간이고, 월은 보름달과 다음 보름달 사이의 시간이며, 일은 해가 남중했다가 다음 남중할 때까지 걸리는 시간이다.

"하루는 24시간이고 1년은 3백65일이다." 너무도 당연한 이 진실을

고대의 달력
스톤헨지

알기 위해 인류는 오랫동안 천문학이나 수학 등 모든 과학적 지식을 총동원해 가며 수천년간 해와 달, 별들과 씨름을 벌여 자연의 시간에 가장 근접한 달력을 만들고자 노력해 왔다. 달력 속에는 천체의 타원 운동, 중력간의 관계 등을 측정하는 우리가 생각지도 못한 수학이 숨겨져 있다. 달력을 만드는 목적은 인간 생활을 자연의 흐름에 맞게 하기 위한 것이었다. 농경시대에 파종 시기를 알고 건기와 우기에 미리 대처하는 것은 생활의 필수였다. 고대 그리스와 로마, 중세 유럽을 거쳐 근대에 이르는 세월 동안 오랜 탐구가 이루어졌으며, 오늘날과 같은 달력이 되기까지에는 수천년이 걸렸고 아직도 완성된 모습은 아니다.

역사에서 사라진 '1582년의 10일'

고대의 시간을 재는 기계

천체 관측이 정교해짐에 따라 사람들은 일 년이 우수리 없이 딱 떨어지는 날과 달로 되어 있지 않다는 것을 알게 되었다. 고대 문명의 초기에 티그리스-유프라테스 계곡에 있던 농부들은 일 년이 열두 달로 되어 있고, 한 달은 보름달과 다음 보름달 사이의 평균 시간인 28.8일로 된 달력을 고안하였다. 이 날 수를 모두 더하면 일 년이 354일이 되는데, 이것은 우리가 알고 있는 일 년보다 11일이 짧다. 그들은 씨 뿌리는 날짜가 점점 계절과 어긋난다는 것을 알아차렸다. 달력을 계절과 일치시키기 위해서 여분의 달을 달력에 더했는데, 처음에는 불규칙하게 더했으나 나중에는 19년을 주기로 하였다.

태양년이 365일에 가깝고 매 4년마다 하루를 더해야 된다는 것을 처음으로 알아낸 사람은 이집트인이었다. 그러나 이집트 천문학자들은 4년마다 하루를 더하는 것에 대해 자기네 왕을 설득시키지 못했다. 그 때문에 계절과 달력은 서서히 어긋나기 시작했다. 그리고 200여 년이 지난 후, 기원전 46년에 가서야 율리우스 카이사르는 윤년이 도입된 365일제를 채택했다. 율리우스 카이사르는 이집트를 원정할 때 '율리우스력'으로 불리는 새 달력을 만들었다. 이 달력은 오늘날과 같이 한 달의 길이를 31일(홀수 달)과 30일(짝수 달)로 번갈아 넣었다. 평년을 365일로 하기 위해 2월에서 하루를 떼어 29일로, 윤년인 경우는 30일로 했다.

그러나 16세기 들어 율리우스력에 따라 표시된 부활절이 실제 성경의 기록과 차이가 나 종교적으로 문제가 되기 시작했다. 로마 교황 그레고리 13세는 본래 지키던 부활절로 날짜를 되돌리기 위해 그때까지 사용하던 달력에서 날짜가 열흘씩 앞당겨지게 했다. 즉, 1582년 10월 4일 다음날이 10월 15일이 되도록 하였다. 그래서 1582년은 1년의 길이가 10일이 줄어든 355일이 되었다. 역사에서 10일이 존재하지 않게 된 이유인 것이다. 다른 나라들도 점차 그레고리력을 채택하면서 로마에서처럼 날짜가 점프하는 일이 곳곳에서 벌어졌다. 메이지(明治) 유신 때 그레고리력을 받아들인 일본에서는 1872년 12월 2일 다음날이 1873년 1월 1일이 됐다.

양력보다 더 과학적이고 정확한 음력

그레고리력은 아직도 완전한 1년보다 매년 약 25.96초가 빠르다. 이 때문에 4년에 한 번씩 윤년을 두고 있다. 4년마다 무조건 윤년을 두다가 1700년처럼 1백의 배수인 해는 윤년이 아니고, 2000년처럼 1백의 배수도 되고 4백의 배수이기도 한 해는 다시 윤년이 되도록 했다. 이렇게 하면 1년의 평균 길이가 365.2425가 돼 공전주기와 거의 차이가 없다. 이처럼 인간은 수학적 지식을 동원하여 자연의 시간에 가장 가까운 달력을 만들려고 오랫동안 노력해 왔다.

태양력에 비해 태음력은 기원전 2637년 중국에서 처음 만들어진 것으로 인류 역사상 가장 오래된 역법이다. 음력은 60년을 큰 주기로 순환하는데 그 60년은 다시 12년을 주기로 하는 5개의 작은 주기로 이루어진다. 양력과 음력, 어느 것이 더 과학적인가? 한 달의 길이를 정하는 방법에서 음력과 양력 간에는 커다란 차이가 있다. 양력의 경우 해의 운행만을 고려하므로 해가 황도 위를 한 바퀴 도는 데 걸리는 시간을 12로 나누어 그것을 한 달의 길이로 정한다. 이를 수식으로 표시하면 1년의 길이를 365.25일이라고 할 때 한 달은 365.21일/12 = 30.44일이다. 따라서 큰달은 31일, 작은달은 30일로 교대로 배열하면 문제가 없다. 그러나 지금 쓰이는 그레고리력은 2월의 경우 28일이고 7월과 8월은 모두 31일로 들쭉날쭉하다. 매달 해의 운행이 일정한 점을 고려하면 이를 제대로 반영하지 못한다는 것을 알 수 있다.

이에 비해 음력은 자연의 법칙을 철저하게 지켰다. 한 달의 길이를 정할 때 양력은 1년을 12로 나눈 데 비해 음력은 달의 주기를 기준으로 삼았다. 즉 음력에서는 달의 모양이 초승달-상현달-보름달-하현달-그믐달순으로 바뀌는 것을 보고 그 주기인 약 29.53일을 한 달의 길이로 정했다. 이에 따라 음력에서는 한 달의 길이가 29일 또는 30일이 되는 것이다. 결국 음력은 양력보다 천체의 운행을 보다 더 정확하게 반영하였다고 할 수 있다.

고대 로마 황제들의 횡포와 달력의 비과학성

달력은 과학을 수학화한 산물이다. 그러나 의외로 비과학적인 측면이 많다. 예를 들면 2월만 30일이 없다. 또 1 · 3 · 5 · 7 · 8 · 10 · 12월은 31일까지 있지만 4 · 6 · 9 · 11월은 30일까지 있다. 이 같은 비과학성은 왜 생겨났을까? 역사에 영원히 자신의 이름을 남기려는 고대 로마 황제들의 오만과 독선이 이같은 왜곡을 만들어 냈다.

기원전 46년 카이사르는 율리우스력을 만들면서 1년의 시작을 3월에서 1월로 돌려 놓았다. 고대 서양에서는 한 해의 시작을 춘분 날로 보고 춘분이 들어 있는 달을 1월로 했다. 카이사르는 그러나 달력을 계절에 맞추기 위해 기존의 1월을 3월로 하고 그 앞에 새로 두 달을 넣은 것이다. 이에 따라 모든 달이 2개월씩 미뤄져 5월이었던 퀸틸리스가 7월로, 10월을 의미하는 디셈버는 12월이 됐다. 황제들의 욕심은 끝이 없었다. 카이사르는 또 생일이 있는 7월을 아예 자신의 달로 정했다.

카이사르가 브루투스에게 살해된 후 로마 황제로 등극한 이가 아우구스투스(Augustus) 황제이다. 그도 카이사르를 본받아 달력에 이름을 남기려고 했다. 그는 트라키아와 아크림 전투에서 승리를 거둔 것을 기념하기 위해 8월의 본래 명칭을 바꾸었다. 그의 생일은 8월이었는데, 아우구스투스가 8월의 명칭을 바꾼 것은 자신의 생일 달을 기념하려는 의미도 있었다. 그는 이 달의 본래 명칭인 섹스틸리스(Sextilis, 여섯 번째 달이라는 의미)를 아우구스투스(Augustus)라고 바꾸었다. 더욱이 황제인 자신의 달이 다른 달보다 작으면 권위가 서지 않는다고 해서 2월에서 하루를 떼내 31일인 큰달로 바꾸었다. 그래서 2월은 평상시에는 28일, 윤년에는 29일이 되었고 7・8・9월이 연달아 31일이 되었다. 이것을 피하기 위해 아우구스투스는 9・10・11・12월의 숫자를 모두 바꿔 버렸다. 그로 인해 1월에서 7월 사이에는 홀수 달이 큰달이 되고, 8월부터 12월까지는 짝수 달이 큰달이 됐다. 이 때문에 2월이 다른 달에 비해 유난히 작아져 버렸다. 양력은 태양의 운행에 따라 1년의 길이를 정했지만, 달의 길이는 임의대로 정한 것이다. 그 후, 악명 높은 네로 황제가 이들을 본따 4월을 네로네우스(Neroneus)로 고쳤지만, 그의 사후에 다시 본래의 명칭으로 되돌아왔다.

하루의 기점은 언제?

오늘날에는 자정에서 다음날 자정까지를 하루로 정해 하루의 기점을 자정으로 정하고 있다. 그러나 하루의 기점을 어디로 정하는가는 시대와 민족에 따라 다르다. 고대 이집트에서는 새벽 동틀 때를, 아시리아・바빌로니아・근대 그리스 민족은 해 뜰 때를 기점으로 했다. 동이트는 박명 시각을 기점으로 하면 일출 시각과 크게는 약 2시간이나 차이가 날 수 있다. 또 아테네에서는 해질 때를, 아라비아에서는 정오를,

유대 · 고대 그리스 · 이탈리아에서는 해질 녘을 하루의 기점으로 정하기도 했다. 지금도 이슬람 민족은 해질 녘을 하루의 시작으로 하고 있다. 유럽에서는 기계 시계가 발달하기 전 14세기까지 하루의 시작을 새벽으로 했지만 그 후 자정으로 변해 오늘날까지 이어져 오고 있다. 현대 천문학에서도 1924년까지 하루의 시작을 정오로 했지만 지금은 자정으로 정해 쓰고 있다.

위대한 수학자들

조세프 루이 라그랑주

(Joseph-Louis Lagrange, 1736~1813)

이탈리아 토리노 왕립군관학교 수학 교관이었던 라그랑주는 독일 프리드리히 2세의 초청으로 베를린 학사원 수학부장을 지냈다. 그 후 프랑스 파리 이공대학 초대학장을 역임한 후 나폴레옹 1세 때 상원의원이 되었고 백작의 작위도 받았다.

수학에서의 변분학을 수립했고 정수론 · 미분방정식론 · 타원함수론 등에 관해 연구했다. 역학에서의 라그랑주 운동방정식은 유명하다.

그의 중요한 저서인 『해석역학(*Mécanique analytiquc*)』(1788)은 정수론과 해석역학 및 천체역학 분야의 모든 연구에 기본이 된 최초의 교본이었다. 오일러도 라그랑주의 변분학에 대해서 칭찬했으며, 1761년에 이르러서는 생존하는 가장 위대한 수학자 중 한 사람으로 인정받았다.

제11장 요일 속의 수학

모든 자연현상은 그저 적은 수의 불변하는 법칙에서 나온 수학적인 결과일 뿐이다.
– 라플라스

한 주(周)의 첫째 날은 언제일까? 한 주의 업무를 시작하는 월요일을 떠올리기 쉽지만 사실은 일요일이다. 만국 공통 달력을 보면 일요일이 한 주의 첫날, 그리고 한 주의 끝인 일곱째 날 주말(週末)이 토요일로 되어 있다. 현재의 주(week) 개념을 보자면 엿새 일하고 하루 쉬는 것이 아니라 먼저 하루를 쉬고 엿새를 일하는 셈이다.

왜 첫째 날인 일요일이 공휴일로 지정되었을까? 문헌상의 기록으로 볼 때 한 주를 7일로 나눈 것은 성서가 최초다. 구약성서 창세기에는 "하나님이 엿새 동안 천지 만물을 창조하고 일곱째 날에 쉬었더라"는 내용이 나온다. 이스라엘 사람들은 한 주를 구성하는 7일에 대해 '~요일'이라는 말 대신에 '첫째 날, 둘째 날, …… 일곱째 날'로 불렀고, 십계명에 따라 '안식일'인 일곱째 날을 신성하게 여겨 노동을 하지 않고 쉬었다. 7일을 주기로 하여 제7일에 쉬는 것은 이스라엘뿐만 아니라 대부분의 메소포타미아 지역에서 전통적으로 지켜져 내려왔다.

요일 이름이 구체적으로 붙은 것은 기독교를 공인한 로마 황제 콘스탄티누스가 A.D. 321년 매주의 첫째 날을 휴일로 정하는 법령을 내리면서부터다. 일곱 요일의 명칭은 고대인들이 관찰할 수 있었던 태양과 달을 포함한 일곱 행성에서 비롯되었다. 고대 바빌로니아에서 유래한 점성술에서는 하루를 24시간으로 나누었는데 이들 일곱 행성이 돌아가며 매 시간을 지배하며, 매일의 첫째 시를 지배하는 행성이 그 날을 지배한다고 생각했다. 점성가들이 생각한 별들의 운행은 오늘날과 순서가 좀 달랐다. 그들의 우주관은 프톨레마이오스의 천동설과 같았는데, 토성이 지구에서 가장 멀다고 생각했으며, 그 다음이 목성, 화성, 태양, 금성, 수성, 달의 순서였다. 그러나 거리와 상관없이 일곱 행성 가운데서도 가장 계급이 높은 신은 태양신이었다.

"한 주의 첫째 날은 '태양의 날'이므로 휴업하라."

이러한 내용은 로마에까지 전파되었다. 콘스탄티누스 황제는 로마의 달력에 유대인들과 기독교인들이 쓰고 있던 일주일을 도입했지만 바벨론의 점성술에 근간을 두고 요일의 이름을 붙였다. 황제는 첫째 날을 '태양의 날'로 선포하고 이 날을 예배일이자 공휴일로 정하는 칙령을 내렸다(A.D. 321년 3월 7일). 따라서 둘째 날은 월요일, 셋째 날은 화요일, …… 일곱째 날은 토요일로 명명되었다. 요일 제도는 분명히 기독교인들을 의식하여 시작되었으나 그들을 전적으로 배려한 것은 아니었다. 첫째 날(일요일)을 '태양의 날'이자 공휴일로 정한 것은 당시 로마에서 인기 있던 미트라(태양신) 교도들을 배려한 색채가 짙었기 때문에 일곱째 날을 예배일로 지켜오던 유대인들과 일부 기독교인들은 이에 반대했다. 그러나 로마 교회를 비롯한 교회 지도자들과 미트라 교도 등 대

중세에 사용된 천문 달력 : 양별자리의 위치에 따라 달과 날짜가 표시되어 있다.

다수 로마인들이 황제의 입장을 지지했기 때문에 일요일 휴업령은 제국 내에 서서히 정착되었다.

체코 프라하 구시청사에 건축된 '오롤로이'라 불리는 천문시계는 1410년경 만들어졌다.

중세시대 휴대용 해시계

고대의 바빌로니아인들은 행성에 신이 살면서 인간 세계를 지배한다고 믿었다. 신들은 이 세상에 전쟁과 질병, 가뭄과 기근, 지진과 홍수를 일으키고, 행성들은 인간 개개인의 운명을 결정한다고 믿었다. 또 천체들은 신성불가침한 곳으로 인식됐기 때문에 5개의 행성에 태양과 달까지 합한 7이라는 숫자를 매우 신성시했다. 7개의 천체는 우주의 시간과 공간을 지배하며, 각각 주관하는 날짜를 지배한다고 믿었다.

천체들은 제1일부터 제7일까지 순서대로 토성의 날(토요일), 태양의 날(일요일), 달의 날(월요일), 화성의 날(화요일), 수성의 날(수요일), 목성의 날(목요일), 금성의 날(금요일)을 지배했다. 이러한 고대 바빌로니아인들의 믿음이 후에 그리스도교에 계승됐고 현대까지 이어져 1주일의 순서로 고정된 것이다.

열두 달의 의미

열두 달의 의미
1월(January) 과거와 미래를 볼 수 있는 2개의 얼굴을 가진 Janus(문을 지키는 수호신으로 출발을 의미함)에서 따 붙인 것.
2월(February) '깨끗이 하다'의 로마어인 Februa에서 나온 말로 고대 로마에서는 2월을 1년의 첫 시작으로 여겼기 때문에 신년을 맞이하기 전에 더러워진 것을 깨끗이 하자는 의미임.
3월(March) 로마의 전쟁의 신, 농업의 신인 Mars에서 온 것임. 고대 로마의 옛 달력으로는 3월이 한 해의 시작이었음. 3월은 봄의 시작을 의미.
4월(April) '열리다(open)'의 의미인 라틴어 Aperire에서 온 것으로서 자연계의 만물이 열린다는 의미.
5월(May) '봄과 성장'의 여신인 Maia에서 붙여진 이름으로 모든 식물이 잘 자란다는 뜻.
6월(June) 로마의 신화에 나오는 Jupiter의 아내인 '결혼과 출산의 여신' Juno에서 붙여진 이름이다.
7월(July) 현재의 태양력을 만든 율리우스 카이사르를 기념하여 그의 이름 Julius로부터 따온 것.
8월(October) 율리우스 카이사르의 조카이며, 로마 제국의 초대 황제인 Caesar Augustus(카이사르 아우구스투스)의 이름에서 따온 것.
9월(September) 7(seven)을 나타내는 라틴어 septem에서 따온 것.
10월(October) 8(eight)을 나타내는 라틴어 octo에서 따온 것.
11월(November) 9(nine)를 나타내는 라틴어 novem에서 따온 것.
12월(December) 10(ten)을 나타내는 라틴어 decem에서 따온 것.

위대한 수학자들

피에르 시몽 라플라스

(Pierre-Simon Laplace, 1749~1827)

'프랑스의 뉴턴'으로 불리며 내무장관까지 지낸 수학자 겸 물리학자이다. 확률의 해석에 공헌을 했다. 라플라스는 프랑스 육군사관학교에서 보나파르트 나폴레옹에게 수학을 가르쳤다. 그의 역저 『천체역학』(총 5권)은 당시 물리학을 집대성하고 확장한 것으로 평가받는다. 더불어 『확률론의 해석이론』 등의 명저를 남겼으며, 수리물리학 발전에 엄청난 공헌을 했다.

라플라스는 앞으로 일어날 모든 현상은 과거의 일이 그 원인이라는 결정론적 세계관을 지니고 있었다. 즉 특정 시간의 우주의 모든 입자의 운동 상태를 알 수 있다면, 그때부터 일어날 모든 현상을 미분방정식을 풀어 계산해 낼 수 있다는 것이다. 그러나 라플라스 사후 양자역학의 성립으로 이러한 생각은 옳지 않다는 것이 반증되었다. 라플라스 변환, 라플라스 방정식 등으로 그의 이름이 알려져 있다.

2부

자연 속의 수학

science
I Love SCIENCE
science
I Love
BOOM

제12장 황금분할 속의 수학

수학에서는 문제를 푸는 기술보다도 내놓는 기술에 더 큰 가치를 매겨야 한다.
수학의 본질은 그 자유로움에 있기 때문이다.
– 칸토어

얼마 전 17대 국회의원 선거 결과에 대해 의석수가 황금분할을 이뤘다고 분석한 평이 있었다. 황금분할이란 1 : 1.618 (또는 간단히 5 : 8)의 비율이기 때문에, 이번 선거 결과를 두고 황금분할이라고 말하기는 무리가 있지만 소수당의 협조 없이는 제1, 2당 어느 당도 큰일 치르기가 힘들게 된 절묘한 안배를 황금분할이라고 평했다고 본다.

황금분할은 인간의 정서와 관계가 있다. 인간은 황금비를 갖춘 조형물이나 예술품에서 안정감과 아름다움을 느낀다고 한다. 황금비율(1.618034)은 종종 그리스 문자 Phi(ø)로 표현된다. 파이의 가장 근접한 값은 소수점 자리수 즉 0.618034이다.

그러면 황금분할의 비밀과 신비 속으로 들어가 보자. 지금까지 남아 있는 유물 중 황금분할을 적용한 가장 오래된 예가 기원전 4,700여 년에 건설된 피라미드인 것으로 미루어 보아 인류가 황금분할의 개념

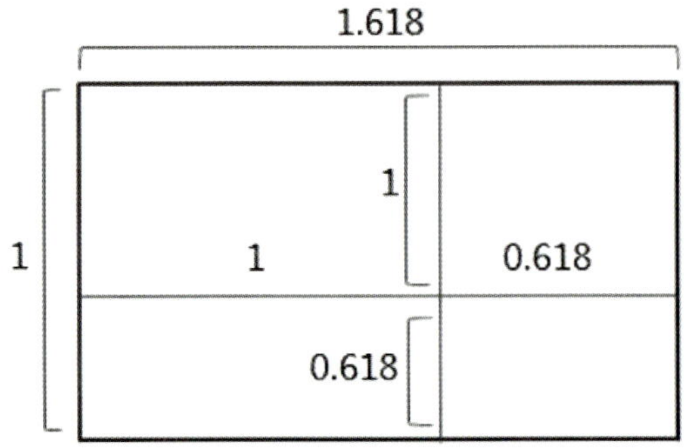

과 효용가치를 안 것은 그 이전부터일 것이라는 추측이 가능하다. 이집트인들이 발견한 황금분할의 개념과 효용가치는 그 뒤 그리스로 전해져 그리스의 조각 · 회화 · 건축 등에 적극적으로 적용된다. 결국 '황금분할(golden section)' 또는 '황금 비율(golden ratio)'이라는 명칭도 그리스의 수학자 에우독소스(Eudoxos, B.C. 408?~B.C.355?)에 의해 붙여졌고, 황금 비율을 나타내는 파이(ø, 1.6781)도 이 비율을 올림푸스 신전의 제우스 신상을 조각하는 데에 이용하였던 건축가 파이디아스(Phidias)의 머리글자에서 따왔다. 등식의 형태로 나타내면 A : B = B : (A + B)가 되며 이것이 바로 황금분할 또는 황금 비율의 등식이다. 일반적으로 황금 비율을 말할 때는 0.618 또는 1.618을 의미한다.

어떤 주어진 선이 있다고 하자. 이 직선상에서 A : B = B : (A + B)의 등식이 충족되게 나눌 수 있는 점은 오직 한 점이며 이 점을 황금분할의 점(전체의 61.8%에 해당하는 점)이라 한다(그림 참조).

그러므로 황금분할이라 함은 전체 속에서 두 개의 크기가 다른 부분 사이의 독특한 상호관계이며, 황금분할이란 용어는 이 비율 관계의 절묘함에서 나온 것이다.

피보나치의 수열

수열 중에서 1, 1, 2, 3, 5, 8, 13, 21, ……로 나가는 피보나치수열은 황금분할을 이루는 대표적인 예이다. 최초의 두 항 이후의 항은 모두 앞선 두 항의 합으로 되어 있다. 한 쌍의 쥐가 매달 한 쌍의 쥐를 낳고, 태어난 한 쌍의 쥐가 다음달부터 한 쌍의 쥐를 매달 낳기 시작한다면, 처음 한 쌍의 쥐로부터 1년 후에는 모두 몇 쌍의 쥐가 태어날 것인가라는 문제는 피보나치수열의 원형인데 연속되는 두 수의 비율을 생각해 보자.

1/1 = 1, 2/1 = 2, 3/2 = 1 · 5, 5/3 = 1 · 666…, 8/5 = 1 · 6, 13/8 = 1 · 625, 21/13 = 1 · 61538 …… 즉 연속적인 피보나치수열의 비율이 점점 파이에 가까워짐을 확인할 수 있다.

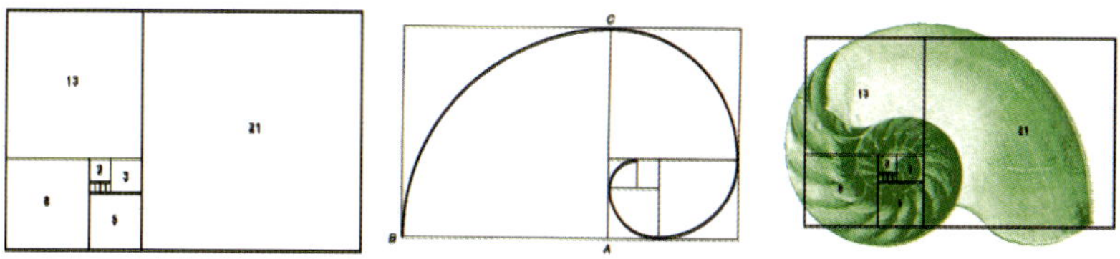

피보나치수열을 이용하여 황금직사각형을 작도한 후 꼭지점을 연결하면 아름다운 황금나선이 드러나는데 앵무조개의 형상과 꼭 같다.

꽃잎 속에서도 우리는 파이의 비율을 발견할 수 있으며 아름다운 화음에서도 이 비율이 적용된다고 한다. 심지어 우리가 일반적으로 아름답다고 느끼는 팔등신의 몸매도 확인해 보면 배꼽의 위치가 발바닥에서부터 정확히 몸 전체의 61.8%에 해당된다.

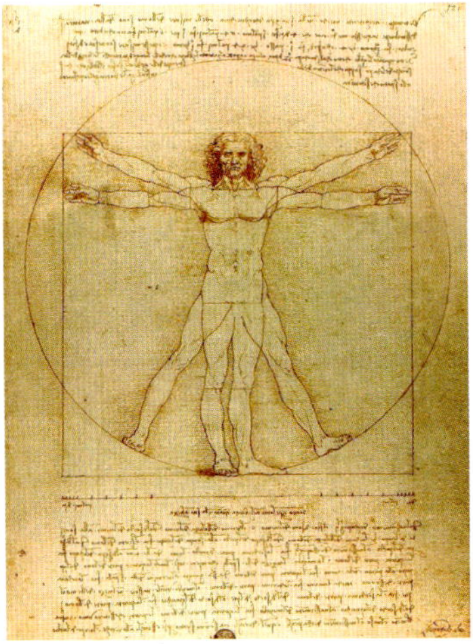

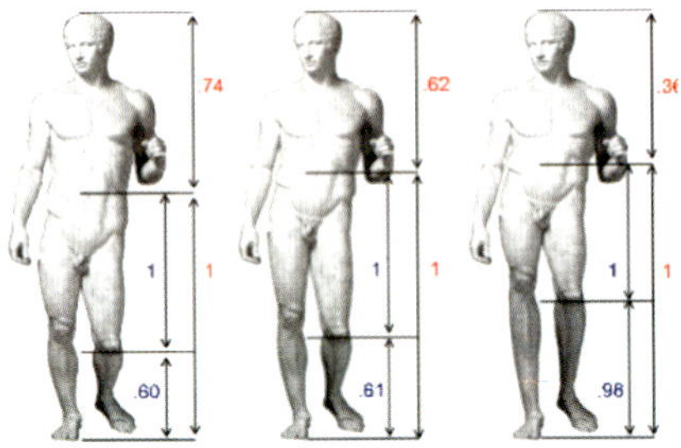

완벽한 몸매의 팔등신은 거의 황금분할 구조를 갖는다. 왼쪽 가운데가 황금 비율의 몸매이고 좌우는 변형된 형태이다. 레오나르도 다빈치가 그린 인간 몸의 황금 비율

우주 질서의 비밀을 푸는 열쇠 : 파이

그렇다면 왜 파이(ø)가 인간에게 호감과 조화감을 줄까? 그 이유는 아직 과학적으로 설명할 수 없다. 일부 사람들은 이런 숨겨진 현상을 자연적인 우연이라고 믿고 싶을 것이다. 그러나 이러한 우연이 규칙성을 갖고 반복된다면 그것은 평범한 우연이 아닐 것이다. 분명히 파이에는 인간의 심리에 영향을 미치는 보이지 않는 질서가 있다. 이러한 인식은 '모든 것의 근원은 수'라고 생각했던 고대의 피타고라스(Pythagoras)학파에게는 경이적인 사실로 받아들여졌다. 그들은 파이를 단순한 숫자로 생각하기보다는 우주 질서의 비밀을 드러내는 신성한 상징으로 인식했다. 그러기에 그들은 황금분할의 비율이 내재된 오각형 별을 피타고라스학파의 상징으로 삼았다. 그들은 자신의 특성을 보존하면서 전체와 융화되는 황금분할의 특징처럼 구성원들이 모두 검소한 생활을 하고 의료 시술과 같은 봉사활동을 하면서 사회 구성원으로

서 자신의 위치를 전체와 조화시켜 나갔다.

고대인들은 대체로 도형을 신비하게 생각했는데, 우주의 상징으로 정12면체를 중요시한 피타고라스는, 정12면체의 각 면이 합동인 정5각형으로 되어 있다는 데 주목했다. 그는 정12면체를 소중히 생각했고 그 한 면인 정5각형을 관찰했다. 정5각형의 각 변을 연장시키면 소위 펜터그램(Pentagram)이라는 별 모양의 5각형이 생기는데 그 아름다움에 감동한 피타고라스는 그것을 자기 학교의 휘장으로 삼았을 정도였다. 그는 자화상의 오른손에 피라미드(황금분할이 적용된 극명한 예)를 그려 넣고 '우주의 비밀(The Secret of the Universe)'이라는 문장을 새겨 넣었다. 그는 그렇게 함으로써 황금분할이 우주의 비밀을 푸는 열쇠라는 사실을 보여주려 했으며 황금분할의 발견을 그의 인생에 있어서 가장 큰 업적으로 남기고자 하였다.

피타고라스뿐만 아니라 후세 사람들도 별 모양의 5각형은 신비한 힘을 갖고 있다고 여겨 귀신을 물리치는 부적이나, 마귀와 악몽을 쫓는 부적으로 이용해 왔다. 플라톤은 자신의 대화록 『티마에우스』에서 황금분할은 자연계의 형을 아름답게 하는 방법 중 가장 완전한 것이라고 서술하였다. 그러나, 황금분할에 관해 가장 유명한 것은 플라톤과 동시대의 학자 유독스(Eudoxus)이며, 그가 생각한 이론의 일부는 그 후 유클리드에 의해 완성되었다. 또한 우주 운행의 질서를 지배하는 메커니즘을 밝혀 물리학의 새로운 지평을 연 뉴턴은 황금 나선 구조를 자신의 침대 머리맡에 새겨놓았다. 뉴턴 물리학의 기본 패러다임은 '결정론적 인과율'이다. 모든 운동의 원인이 되는 초기 조건만 정확히 알면 그 결과는 뉴턴의 선형 이분 방정식에 의해서 기계적으로, 다시 말해 필연적으로 얻어진다는 것이다. 이는 바로 황금 나선 구조의 이론 그 자체인

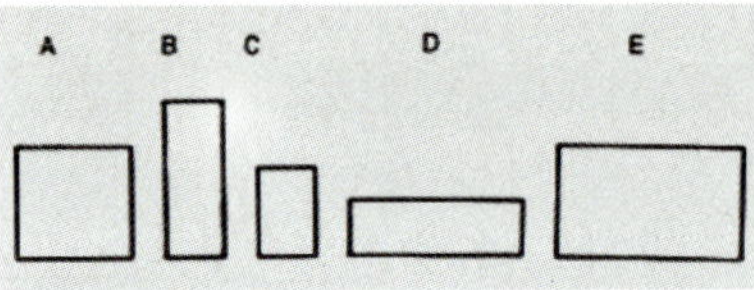

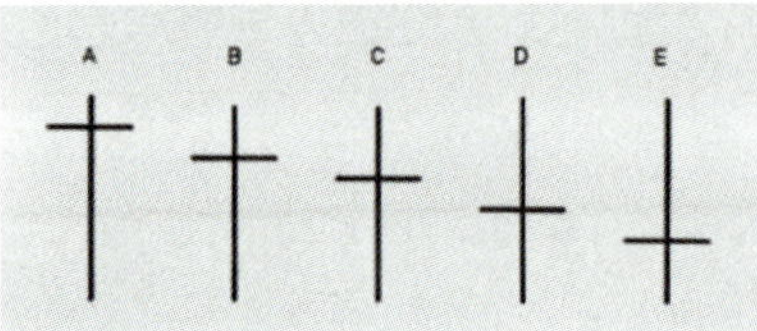

것이다.

개나리 잎, 감나무 잎, 앵두나무 잎이 0.6의 비율로 되어 있고, 벌의 몸, 매미의 몸이 0.6의 비율이며, 사람의 손바닥 · 어깨 · 팔 · 다리가 0.6의 비율이다. 실험에 의하면 사람들에게 무작위로 여러 가지의 사각형 모형을 제시하고 그중에서 그들의 눈에 가장 안정적으로 느껴지거나 또는 눈에 제일 먼저 들어오는 사각형을 고르라면 문화, 인종, 성별, 연령에 관계없이 대부분의 사람들은 황금 비율을 내재한 직사각형 E를 고른다. 또한 두 개의 막대기를 주고 십자가를 만들어 보라 하면 거의 모든 사람들은 황금분할의 점에 근사한 곳을 교차해 십자가 B를 만든다.

이러한 인간들의 황금분할에 대한 선호는 우리 생활 주변에서 이를 이용한 상품들에 널리 사용되는 결과를 보여 주고 있다. 그 예로 액자 · 창문 · 책 · 십자가 · 신용카드 등의 가로, 세로 비율 등에 황금분할의 비율이 적용된다. 특히 신용카드를 예로 들면 신용카드의 가로와 세로 길이는 각각 8.6cm와 5.35cm로 이 둘의 비율은 8.6/5.35 = 1.607로 황금 비율에 의해 카드가 제작되었다는 사실을 보여 주고 있다.

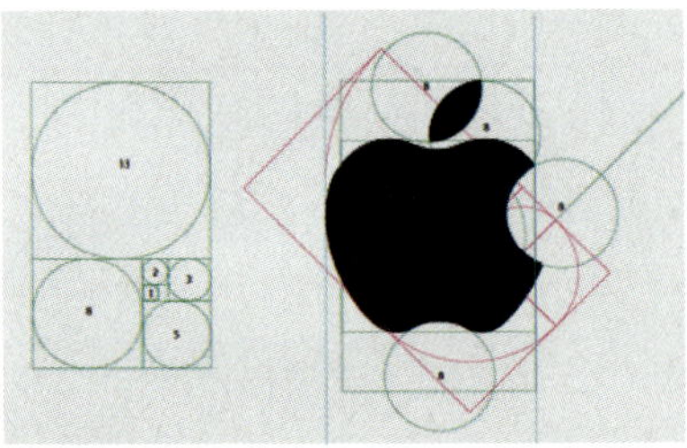

애플의 로고도 엄격한 황금 비율을 적용한 예이다.

위의 예에서도 알 수 있지만 황금분할에는 인간이 가장 안정적이며 편하게 느끼는 요소가 내재되어 있다. 이것은 바꾸어 말하면 인간의 행동양식에 의식적이건 무의식적이건 영향을 미치며 그것들을 규정하는 요소가 황금분할의 파이(ø)에 내재되어 있다고 결론지을 수 있다.

우리 인간이 최초의 직립원인 오스트랄로피테쿠스가 지구상에 나타난 250만 년 전 이전부터 진화되면서 살아왔다고 주장하는 사람들은 진화 과정에서 인간은 철저히 자연에 순응해 왔으며 거기에 역행하는 종(種)은 도태되어 사라졌다고 한다. 그렇다면 자연은 무엇인가? 자연은 혼돈이 아닌 통일된 하나의 질서이며 그 질서 안에서의 순환이다. 하루는 24시간, 일 년은 365.25일이며, 낮이 가면 밤이 오고, 봄이 가면 여름이 오고 또 가을, 겨울이 온다. 즉 명암·고저·강약 등 상반된 두 에너지 사이에서 인간은 수백만 년 이상의 유장한 세월을 살아왔다. 이러한 자연계의 상반된 에너지 속에서 살면서 인간은 자연의 질서에 순응하는 생존의 방법을 의식적으로 또는 무의식적으로 몸에 익혔을 것이다. 그 방법들은 유장한 세월 동안 인간의 DNA 코드에 축적되면서 유전되고 더욱 발전하여 현재의 우리 자신에게까지 이르렀다. 그중의 하나는 두 상반된 에너지 속에서 0.618(ø)의 비율로 두 에너지를 공유하거나 분리하는 것이 아닐까? 또 그 비율의 공유 또는 분리야말로 이 세상의 질서를 주관하는 창조주의 뜻에 가장 가까운 것이 아닐까?

황금분할의 신비한 요소로 인해 고대 철학자 플라톤은 황금 비율 파이를 "이 세상 삼라만상을 지배하는 힘의 비밀을 푸는 열쇠"라 했으며 시인 단테는 "신이 만든 예술품"이라고 했다. 16세기 천체물리학의 거성 케플러는 황금분할을 "성스러운 분할(Divine Section)"이라 했으며 신의 형상을 따라 지은 신의 피조물이라 했다.

위 대 한
수학자들

장 밥티스트 조세프 푸리에
(Jean Baptiste Joseph Fourier, 1768~1830)

프랑스의 수학자. 푸리에 급수의 창시자이며 함수의 성질과 응용을 연구하는 분야를 개척하였다. 푸리에는 고체 내에서의 열전도에 관한 연구로 열전도 방정식(푸리에 방정식)을 유도하였으며, 이 방정식을 풀기 위해서 푸리에 해석으로 불리는 이론을 전개했다.

푸리에는 1768년 프랑스 오세르(Auxerre)에서 태어나서 1830년 파리에서 죽었다. 재단사의 아들이었던 그는 여덟 살 때 고아가 되었고, 베네딕트회사가 운영하는 군사학교에서 교육을 받았는데 후에 이곳에서 수학 강사를 하였다. 그는 프랑스혁명을 촉진시키는 데 일조를 하였으며 이 공로로 에콜 폴리테크니크의 교수가 되었다. 또한 나폴레옹의 이집트 원정을 도와 1789년에 이집트(Lower Egypt) 지역의 총독에 임명되기도 했다. 1801년 영국이 승리하고 프랑스가 항복함에 따라 푸리에는 프랑스로 돌아와서 그르노블(Grrenoble)의 지사가 되었다.

제13장 자연 속에서 수학을 발견한 아인슈타인

수학에 어려움을 겪는 그대들은 걱정하지 마시오.
내가 겪는 어려움이 그대보다 훨씬 더 클 것이오.
– 아인슈타인

2005년은 아인슈타인의 위대한 업적들이 발표된 1905년을 기려 유엔이 정한 '세계 물리의 해'이다. 꼭 100년 전인 1905년, 스위스 베른에 위치한 연방특허청에서 3급 견습생으로 근무하던 26세의 무명 과학자 아인슈타인은 현대 우리 생활의 차원을 완전히 바꾸어 버릴 위대한 업적을 담은 3편의 논문을 발표했으니, '특수상대성이론', '광양자 가설', '브라운 운동 이론'이 바로 그것이다. 순수 과학이 '유엔의 해'의 주제로 선정된 것은 이례적인 일인데 그만큼 아인슈타인의 업적은 현대물리학은 물론이고 현대 과학의 방향을 바꾸고도 남을 만큼 위대한 것이었다.

레이저로 4㎞ 간격 1만 개 연결점 잇는 '지구촌 빛의 축제'

2005년에는 지구촌 곳곳에서 아인슈타인의 업적을 기념하는 학술 및 전시 행사가 펼쳐졌다. 가장 눈에 띄는 기념 행사는 '지구촌 빛의 축제'다. 아인슈타인이 사망한 날인 4월 18일(한국은 4월 19일)에 미국 프린스턴대학교에서 서쪽으로 처음 쏜 레이저 빛을 평균 4㎞마다 받아서 다음 장소로 되쏘는 '빛의 릴레이'가 24시간 펼쳐졌다. 이를 위해 지구촌에는 '빛의 연결점'이 1만 개나 세워지고 바다 구간은 광통신으로 연결되었다. 우리나라에서도 4월 19일 밤 일본에서 날아온 빛을 부산에서 받아 서울까지 두 갈래 길로 10㎞ 간격의 중계 지점들을 거쳐 1시간 동안 빛의 봉송 행사를 치뤘고, 이 빛은 다시 북한이나 중국으로 전해진다고 한다. 지구의 자전과 똑같이 24시간에 지구를 한 바퀴 돌기 때문에 빛의 축제는 세계 모든 곳에서 현지 시각으로 밤 8~9시에 치러졌다. 한강변에선 여러 레이저 빛을 허공에 쏘아 아인슈타인의 '휘어진 우주공간' 개념을 형상화하는 축제가 추진되었다.

절대공간과 절대시간의 기계적 세계관을 깨고 4차원(시간과 공간)에 메트릭(metric: riemannian geometry)을 도입해 상대성에 기반한 현대적 세계관을 일깨웠던 사람이 아인슈타인이다. 세 살이 되어서야 말을 했다는 아인슈타인은 늘 조용하고 소심한 성격이었지만 10세 때부터는 탁월한 수학적 재능을 보이기 시작했다. 그는 선생님이 나침반이 가리키는 방향을 물었을 때 대답보다는 무슨 힘 때문에 나침반의 바늘이 움직일까를 생각했다고 하니 기계적인 대답을 요하는 당시의 교실 분위기에서 어리석고 모자란 아이로 보였을 것은 당연했다. 특출함을 인정받지 못한 채 취리히공과대학을 졸업한 후 특허청에 취직한 아인슈타인은 그곳에 근무하면서 취리히대학에서 박사학위를 받았다.

그의 창의력은 특허청에 근무할 시기에 폭발했고, 대부분의 주요 연구도 이곳에 근무하면서 이루어졌다. 그의 주요 논문 6편 가운데에서 5

편이 1905년에 발표되었다. 그는 훗날 특허청 의자에 앉아 있는데 "사람이 자유낙하를 하면 자신의 몸무게를 못 느낄 것이라는 생각이 들었다"고 회고했다. 아인슈타인은 특허청에 근무하면서 새로운 생각이 번득일 때마다 상관 몰래 연구 노트를 작성했다고 한다. 이 생각은 훗날 새로운 중력 이론과 우주론의 씨앗이 되었다. 아무튼 늘 다른 생각에 몰두해 있는 아인슈타인을 곱게 보지 않았던 특허청장은 1907년 그가 사표를 제출하며 대학교수로 가게 되었다고 하자 농담으로 받아들여서 크게 슬퍼하지도 않았다 한다.

아인슈타인은 박사학위를 헌정한 친구인 수학자 마르셀 그로스만(Marcel Grossman)의 도움으로 그의 연구에 필요한 리만기하학을 공부했다. 그 후 1912년 동료 물리학자인 아르놀트 조머펠트(Arnold Sommerfeld)에게 "내 일생에서 이렇게 열심히 공부한 적이 없다. 나는 수학을 매우 존경하게 되었다. 이 문제와 비교하면 나의 원래 이론(특

1

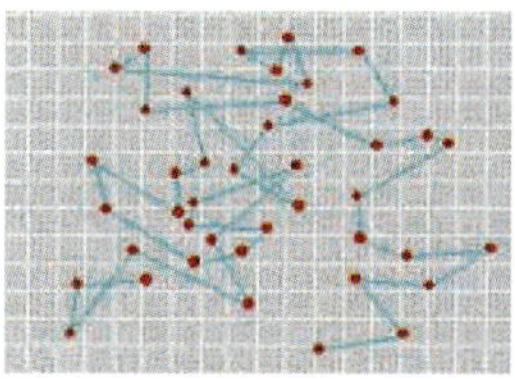
2

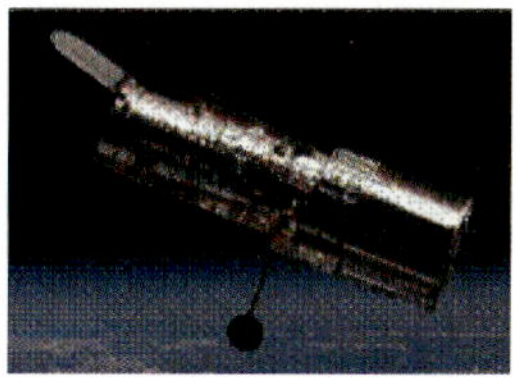
3

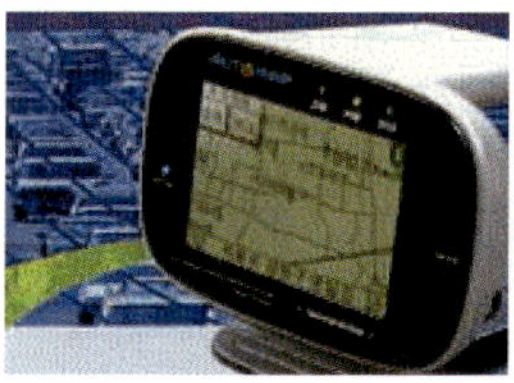
4

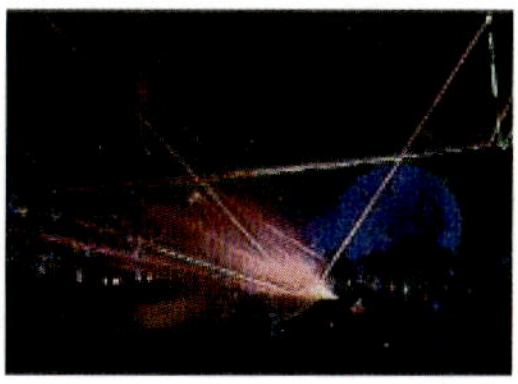
5

1. 물리의 해 기념 로고 2. 콜로이드 입자의 브라운 운동의 경로(붉은 점은 30초마다의 움직임을 나타낸 것) 3. GPS 위성항법 장치 4. 레이저 광선 5. 우주선

수상대성 이론)은 아이들 장난이다"라고 말했다 한다.

레이저 · 음주 측정기 · GPS 등에 아인슈타인 이론 숨어 있어

수학과 물리학은 상관성이 많다. 물리학 전공 서적을 보면 수학책을 방불케 하는 수식으로 가득 차 있다. 그도 그럴 것이 위대한 물리학자인 뉴턴 · 폴 디락(Paul Adrian Maurice Dirac) · 푸앵카레 · 아인슈타인 · 리차드 파인만(Richard Phillips Feynman) · 에드워드 위튼(Edward Witten) 등은 원래 위대한 수학자였다. 또한 미국 · 영국 · 러시아 등 학문의 선진국에서 수학자와 물리학자들의 공동 연구가 활발하다. 우리나라에서도 최근 수학과 물리학의 공동 연구가 싹이 트고 있다.

생활 속에서 아인슈타인의 업적을 찾아보자면 레이저가 그 한 예이다. 눈에 잘 띄지 않지만 레이저는 쓰이지 않는 곳이 없다. 대형 슈퍼마켓에서 물건을 계산할 때 바코드를 읽는 장치도 레이저를 사용하고 있고, 음악을 들을 수 있는 CD와 영화가 저장된 DVD 등도 모두 레이저를 이용해 정보를 읽는다. 이 밖에도 측량을 할 때는 레이저의 직진성을 이용해 직선을 긋거나 거리를 잰다. 또 라식 수술이나 점 빼기, 주름살 제거, 쌍꺼풀 등의 수술도 레이저로 한다.

우리 생활 주변에 아인슈타인이 밝힌 원리가 쓰이고 있는 것은 이뿐만이 아니다. 자동차 운전자들을 겁먹게 하는 음주 측정기에는 아인슈타인에게 노벨상을 안겨 준 광양자 가설의 원리가 담겨 있다. 음주 측정기에 들어 있는 가스가 알코올과 만나면 푸른 가스로 변한다. 푸른 가스에 든 빛의 알갱이(광양자)는 에너지가 높아, 금속에 쬐면 금속내의 전자가 튀어나오게 된다. 이 전기 신호를 측정하면 혈중 알코올 농도를 잴 수 있다.

아인슈타인이 광양자 가설로 풀리지 않던 광전 효과의 원리를 설명해냄으로써 수많은 발명품들이 태어났다. 텔레비전, 태양 전지, 도난 경보기, 자동문 등은 빛이 전기로 전환되는 광전 효과를 이용한 것이다. 요즘 인기를 끄는 디지털 카메라도 이 광전 효과를 이용해 만들어졌다. 디지털 카메라 안에 든 네모난 판처럼 생긴 CCD(전하결합소자)라는 부품은 빛을 전기 신호로 바꾸는 장치다. 광 센서가 빛 알갱이를 전자, 즉 전기 신호로 바꾼 정보를 모아 CCD는 사진 파일을 만든다. CCD는 디지털 카메라 외에도 CCTV 카메라, 지문 및 얼굴 인식 장치 등 다양한 곳에 사용된다.

한편 요즘 자동차에 흔히 장착하는 GPS(Global Positioning Satellite)에는 상대성이론이 숨어 있다. 일반상대성이론에 의해 지상과 위성의 중력 차이에 따른 시간 보정이 없었더라면 GPS는 이미 무용지물이 되었을 것이라고 한다. 지구의 곡률(curvature) 때문에 생기는 효과는 아주 미세해서 최근에 이르러서야 응용될 수 있게 되었다. 아인슈타인은 개기일식을 이용하여 중력에 의해서 빛이 휘는 것을 측정하고, 얼마나 휘는가를 알아내고자 했다.

지구 표면의 2만㎞ 상공에서 시속 1만4천㎞의 속도로 도는 24개의 위성으로부터 정보를 받는 GPS가 정확성을 유지하기 위해서는 지상과 위성의 시간이 정확하게 맞아야 한다. 빠르게 이동하는 물체에서는 상대적으로 시간이 느려지지만, 중력이 약한 곳에서는 시간이 빨리 가므로 위성의 원자시계는 지표면보다 하루에 38ms(1ms = 1/1000초)씩 빨리 가게 된다. 이와 같은 상대성원리를 이용해 GPS 위성은 매일 그 시간만큼의 오차를 보정함으로써 지상에서의 위치를 정확하게 추적할 수 있는 것이다. 아인슈타인은 자신의 혁명적 업적에 관해서 "지구의 표면을 기어가는 눈먼 딱정벌레는 자신이 지나온 경로가 휘어 있다는 것을 알지 못한다. 나는 단지 그것을 발견한 행운을 가졌다"라며 겸손해 했다.

위대한 수학자들

카를 프리드리히 가우스
(Carl Friedrich Gauss, 1777~1855)

19세기의 가장 위대한 독일의 수학자로서 아르키메데스 · 뉴턴과 더불어 3대 수학자로 불린다. 순수수학은 물론 응용수학에도 눈부신 업적을 남겨 타계 후 하노버왕 조지 5세가 '수학의 왕'이라고 메달에 새겨 경의를 표했다.
가우스는 가난한 노동자 집안 태생이었으나 10세 때 등차급수의 합을 구하는 공식을 써서 선생님을 놀라게 했다. 브라운슈바이크공(公)의 도움으로 괴팅겐대학에서 공부하였고, 이 대학 교수로 평생을 보냈다. 19세 때 유클리드 이래 2000년간 삼각자와 컴퍼스만으로는 그릴 수 없다고 했던 정17각형을 그릴 수 있음을 증명했다. 최소제곱수를 발견하여 복소수평면을 발표했고, 정14각형 그리는 방법을 정수론에서 얻었다. 곡면론 · 허수론 · 방정식론 등에서도 새로운 개척을 하였고, 복소수라는 말도 그에게서 비롯됐다.

제14장 공쌓기의 비밀인 케플러의 추측

수학은 과학의 여왕이요, 정수론은 수학의 여왕이다.
– 가우스

1611년 독일의 천문학자 요하네스 케플러(Johannes Kepler)는 공을 가장 조밀하게 쌓는 방식은 오렌지나 사과를 쌓을 때 쓰는 방식과 동일하다는 추측을 내놓았다. 그 후 400년이 가까운 세월 동안 이를 수학적으로 확실하게 증명하지 못했는데, 1998년에 와서야 미국 미시건대학교의 젊은 수학자 토마스 헤일즈(Thomas Hales) 교수가 이에 대한 증명에 성공했다. 그는 증명 과정의 상당 부분을 컴퓨터에 의존했다고 하는데 익숙한 3차원의 문제를 증명하는데도 상당한 기간이 걸린 셈이다. 케플러가 "공을 가장 밀도 높게 쌓으려면

요하네스 케플러

공쌓기

각각의 공이 12개의 공에 의해 둘러싸이도록 하는 배열일 것이다"라고 맨처음 이런 추측을 내놓았을 당시만 해도 그렇게 어려운 문제라고는 생각지 않았으나 결국 페르마의 마지막 정리와 더불어 가장 유명한 풀리지 않은 수학의 난제로 인정되었다.

'육방밀집쌓기'가 가장 밀도 높아

1차원 공간에서 가장 밀도가 높게 구를 놓는 방법은 무엇일까? 이 경우 1차원 직선이니까 성냥을 쌓듯이 서로 맞대어 놓는 방식으로 하면 100퍼센트의 밀도를 얻는다. 이것은 너무 명백하기 때문에 수학자의 증명을 요구하지 않는다. 2차원의 경우는 어떨까? 평면에 구를 놓는 방법은 동전을 밀도 높게 배치하는 방법과 같은 것으로 각 동전들이 6개의 다른 동전들로 둘러싸이도록 배열하는 것이다. 이 배열의 밀도는 대략 90%이다. 동전을 정사각형으로 배열했을 때의 밀도 79%에 비해 훨씬 효율적이지만 무한 평면(경계가 없는 평면)에서의 가정이다. 그러면 정말로 정육각형보다 밀도가 높은 배열은 존재하지 않는가? 후에 라그랑주는 정육각형 배열이 밀도가 가장 높은 격자쌓기임을 실제로 증명했다.

3차원에서 가장 밀도가 높게 구를 쌓는 방법은 무엇일까? 케플러는 가장 밀도가 높게 구를 쌓는 방법은 시장 상인들이 사과나 오렌지, 또는 멜론을 쌓을 때처럼 최대한 촘촘하게 채우는 것이라고 결론지었다.

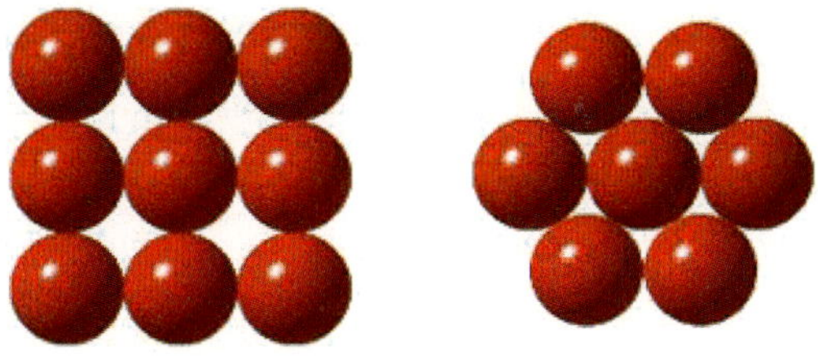

공을 가장 밀도 높게 쌓기

멜론이 정육각형일 경우 차곡차곡 쌓으면 밀도는 100%일 것이다. 그러나 멜론과 같은 과일들은 대부분 수분 손실을 최소화하기 위해서 표면적이 가장 작은 둥근 모양으로 진화했다. 무게는 같지만 정육면체 모양과 둥근 모양의 멜론의 표면적을 비교해 보면 둥근 모양의 멜론의 표면적이 20% 적다. 멜론을 쌓을 때 첫 번째 켜는 2차원에서 배열하듯이 하고, 두 번째 켜에서는 오목한 곳에 멜론을 쌓고 다음 오목한 곳은 비워 놓고, 그 다음 오목한 곳에 멜론을 올려놓는다. 이런 식의 쌓고 비워 놓고, 쌓고 비워 놓고 하는 방식을 '육방 밀집 쌓기(Hexagonal Close Packing, HCP)'라고 하는데 밀도는 74.05%에 달하며 이것이 3차원에서 가장 밀도가 높게 쌓는 방식이다.

케플러는 석류씨가 12개의 면을 지닌 입체 마름모꼴이라는 사실을 알게 되었다. 그는 석류 속에서 씨들이 서로 밀착하게 되면 이런 형태로 변하게 된다고 추측했고, 그의 추측은 옳았다. 씨가 아주 작을 때는 둥근 모양을 하고 자유롭게 떠다니지만 점차 커져 공간이 부족해지면서 각각의 씨는 12개의 다른 씨와 맞닿도록 배열을 이루게 된다. 이러한 사실은 케플러 이후 100년 이상이 지난 후인 1727년에 영국의 식물학자 스티븐 헤일즈(Stephen Hales)에 의해 다시금 확인되었다.

케플러는 어떤 논증도 없이 씨앗들은 가장 밀도가 높은 방식으로 자연스럽게 배열된다고 믿었고, 여기에서 출발하여 케플러의 유명한 추측이 등장한다. 즉 각각의 구가 다른 12개의 구에 의해 적절한 방식으로 둘러싸이도록 하면 밀도가 가장 높은 배열을 얻게 된다는 주장이다.

컴퓨터 활용한 헤일즈의 증명, 일부에선 혹평

1998년 8월 9일 일요일 아침, 토마스 헤일즈 교수는 증명을 완료했다. 그는 마침내 케플러 추측이 해결되었다는 내용을 이메일로 전 세계 수학자들에게 발송했다.

> 친애하는 동료 학자들에게,
>
> 본인은 가장 오래된 이산기하학 문제인 케플러 추측을 증명했으며, 이를 일련의 논문으로 정리하여 배포하기 시작했습니다. 다른 이의 논문에 인용된 적이 없고, 또 아직 학술지에 투고하지 않았기 때문에 본인의 결과를 확정된 것이라고는 할 수 없겠지만, 그래도 제 소견으로는 본 증명은 완벽한 것이라고 믿고 있습니다. ……

그는 5년의 산고 끝에 결실을 맺은 것이다. 4주 후 헤일즈 교수는 증명에 대한 최초의 강연을 할 참으로 이스라엘 하이파에서 열리는 ISIS 학술회의에 참석하여 열렬한 환호 속에서 이를 발표했다. 청중들은 400년 만에 풀린 문제를 직접 목격한다는 역사적 순간에 전율하며 열렬히 환호했다. 헤일스가 증명을 발표한 이후로 부정적인 목소리들이 여기저기서 터져나왔다. 반대의 목소리를 높이는 사람들은 엔드류 와일즈(Andrew John Wiles)가 증명한 페르마의 마지막 정리의 증명은 아름답고 우아하며 품격을 지니고 있는 데 반해, 헤일즈의 증명은 컴퓨터를 이용해 완전히 다른 모습이라고 비꼬았다. 어떤 수학자는 와일즈의 페르마 정리 증명을 톨스토이의 『전쟁과 평화』에 견준다면, 헤일즈의 케플러 추측 증명은 전화번호부에 견줄 수 있다고 혹평했다. 그러나 헤일즈 자신은 "1998년 증명에 컴퓨터를 사용한 이유는 다른 대안이 떠오르지 않았고, 최근 들어 컴퓨터를 활용한 증명은 수학 발전에 매우 필수불가결하다는 생각을 갖고 있다"고 말했다.

멀쩡한 정리가 언제 갑자기 오류로 판명나게 될지는 아무도 알 수 없는 일이다. 오류가 발견되면 그 증명은 지체없이 폐기 처분된다. 하지만 오류가 발견되지 않는다 해도 정리의 옳음은 단지 추정일 뿐이다. 시일이 지나고 나면 아무도 오류를 발견하지 못했다는 이유로 그 증명을 옳은 것이라고 믿기 시작한다. 케플러의 추측에 대한 증명도 마찬가지일 것이다.

위 대 한
수학자들

오귀스탱 루이 코시
(Augustin-Louis Cauchy, 1789~1857)

프랑스의 수학자. 극한의 개념을 체계화했고, 가우스와 함께 현대 수학의 근원을 확립한 '현대 수학의 아버지'이다.

프랑스 관리의 아들로 태어난 코시는 아버지가 당시의 대수학자인 라그랑주나 라플라스와 친했기 때문에 어려서부터 자연스럽게 수학 연구에 몰두했다. 오일러의 정리($v - e + f = 2$)를 확대한 논문을 파리 과학아카데미에 제출하여 대수학자 아드리앵마리 르장드르(Adrien-Marie Legendre)의 인정을 받은 후 본격적으로 수학에 입문하였다. 1830년대 2월 혁명으로 왕위에 오른 루이 필립(Louis Philippe)은 모든 정치가, 귀족, 학자들에게 "왕에게 충성을 맹세하라"는 명령을 내렸다. 그러나 코시는 충성을 다짐하는 선서를 거부했고, 그 대가로 추방당해 이탈리아 토리노대학의 교수로 재직했다. 1852년 나폴레옹 3세가 왕위에 오르자 소르본느대학 교수로 복귀해서 1857년 죽을 때까지 근무했다. 오늘날의 해석학에서 쓰이는 것과 같은 개념으로 연속함수를 정의하였고 무한급수의 극한 개념을 확립하였다. 그의 이름이 코시 수열에 남아 있다.

제15장 기하학의 발달을 이끈 '3대 작도 불능 문제'

수학은 과학의 여왕이요, 정수론은 수학의 여왕이다.
– 가우스

최근에는 컴퓨터 소프트웨어를 이용하여 3차원 도형까지도 실제보다 더 그럴듯하게 그리는 세상이 되었으니 작도(作圖)를 한다는 일에 크게 비중을 두는 사람은 수학자 외에는 별로 없을 것 같다. 그러나 고대 그리스인들은 세상에서 가장 정확한 것이 수학이라 생각하였고, 그중에서도 특히 기하학이라 생각했다. 그리스인들은 기하학적인 도형에서 가장 아름답고 기본적인 것은 직선과 원이며, 따라서 기하학에서는 직선을 그리는 자와 원을 그리는 컴퍼스만을 사용하여

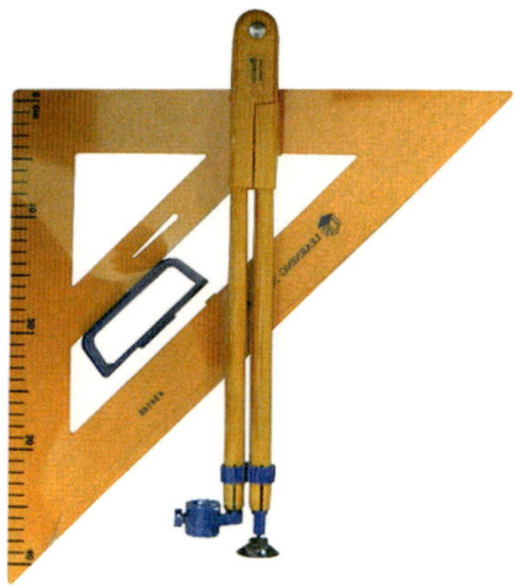

고대 그리스인들은 자와 컴퍼스만으로 작도하는 것을 신성시하였다.

람베르트는 처음으로 사영사상에 대한 일반적인 성질을 알아낸 수학자이다.

도형을 그려야 한다고 생각했다. 이렇게 도구를 제한해 놓고 보니 문제를 푸는 데 어려움이 따랐다.

기하학의 작도는 건축물을 설계하고, 도시 계획을 세우고, 토지를 측량하는 데 꼭 필요한 방법이었다. 그리스에서 이러한 문제가 진지하게 다루어졌다는 것은 고대 그리스 사회가 대규모 토목 · 건축 사업을 추진했음을 알 수 있다. 그리스인들은 자와 컴퍼스만으로 문제를 해결해 보려고 했지만, 세 가지 난제는 작도가 쉽지 않아 수학의 3대 난문제라 하여 2천년 이상 수학자들을 괴롭혀 왔다. 이 문제는 18세기 독일의 수학자 요한 하인리히 람베르트(Johann Heinrich Lambert)가 불가능하다는 것을 증명하고 나서야 결국 일단락되었다.

그리스인들은 이성적이고 논리적인 사고를 중시했던 사람들이었다. 그들은 실용적인 가치보다도 바른 지식 체계를 중요시했기 때문에 의외로 쉽게 풀 수 있는 문제를 어렵게 푸는 경우도 많았다. 따라서 3대 작도 불능 문제는 기하학의 발달에 큰 영향을 미쳤다. 그리스인들은 굳이 자와 컴퍼스만으로 작도할 것을 강조하였는데, 이것은 그들이 작도하기 가장 간단한 도형을 성스럽게 여기고 기술적인 도형(타원 · 쌍곡선 · 포물선이나 그 외 기계를 사용해서 그릴 수 있는 도형)은 천한 것으로 생각했기 때문이다. 결국 그들은 자로 그을 수 있는 직선과 컴퍼스로 그릴 수 있는 원만을 사용하여 작도하는 전통을 가지게 되었다.

그러한 전통의 시작은 플라톤 때부터였다. 그는 "자와 컴퍼스 이외의

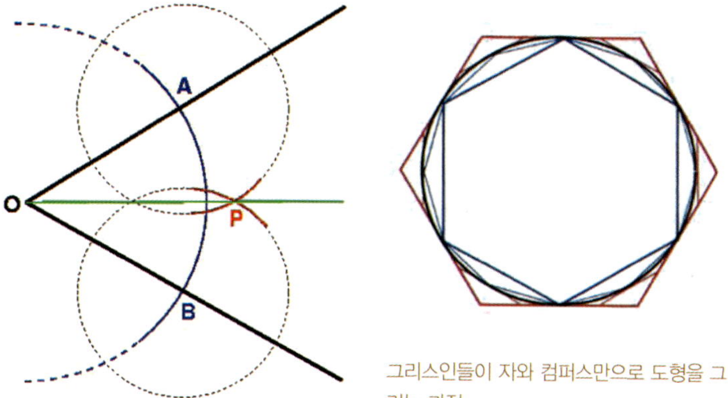

그리스인들이 자와 컴퍼스만으로 도형을 그리는 과정.

다른 작도 방법은 기하학의 장점을 포기하고 파괴하는 것이다. 그것은 기하학을 영원한 사상의 영상(映像)으로 드높이기는커녕 오히려 이것을 다시 감각의 세계로 끌어내리는 것이다"라고 말했다. 그리스의 대표적인 수학자 피타고라스도 입체도형 중 가장 아름다운 것은 구이고 평면도형 중 가장 아름다운 것은 원이라고 강조하였다. 그러한 사고의 영향으로 당시의 종교적 상징인 건축물에는 원과 직선이 많이 사용되었다. 그러나 자와 컴퍼스만으로 작도해야 한다는 제약은 많은 수학자들을 괴롭혔으며 이 세 가지 문제를 풀기 위한 왕성한 연구는 그리스의 기하학에 큰 영향을 미쳤다. 이것은 원추곡선(원 · 쌍곡선 · 포물선 등), 3차곡선, 4차곡선 등 풍부한 발견을 이끌어 냈으며 나중에는 대수적인 부분에까지 영향을 미쳤다. 그러면 그 세 가지 난제는 무엇일까?

(1) 임의의 각을 삼등분하는 문제

(2) 주어진 정육면체의 2배의 부피를 갖는 정육면체의 한 변의 길이를 작도하는 문제

(3) 임의의 원과 면적이 같은 정사각형을 작도하는 문제

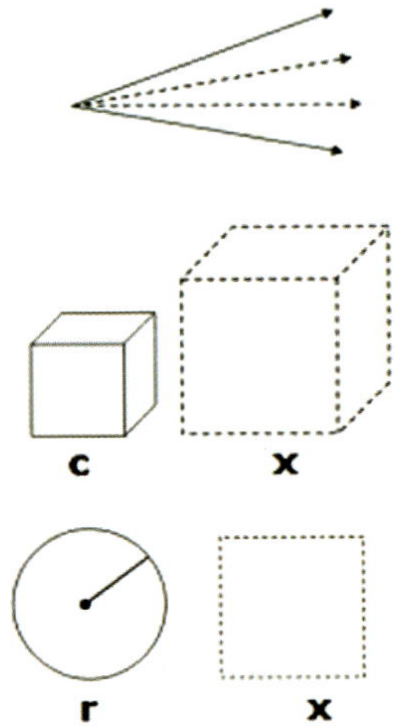

람베르트는 처음으로 사영사상에 대한 일반적인 성질을 알아낸 수학자이다.

이제 첫 번째 문제에 대해 알아보자. 자와 컴퍼스만을 사용하여 임의의 각을 삼등분하는 문제이다. 각을 이등분하는 것은 기하학에서 가장 초보적인 작도이다. 각의 삼등분도 직각의 경우에는 쉽게 할 수 있다. 그래서 직각이 아닌 각의 삼등분도 쉽게 할 수 있다고 생각하지만 생각만큼 쉽지 않다. 이 문제는 19세기에 와서야 작도할 수 없다는 것이 증명되었다. 그리스 기하학은 결과만을 중요시하지 않고 결과에 이르는 방법을 더욱 중요하게 생각했으므로 각을 삼등분하는 것만이 문제가 아니었던 것이다. 실제로 이 문제가 풀리기 전까지 사람들은 온갖 기구를 고안하여 각을 삼등분하려고 애썼다.

두 번째 문제에 대해 알아보자. 정육면체의 부피를 2배로 할 수 있는가 하는 문제의 발단에 관해서는 두 가지 이야기가 전해져 오고 있다. 하나는 미노스(Minos)왕이 아들 글라우쿠스를 위해 세운 묘비가 작아 불만스러워했다는 대사에서 그 문제가 등장했다고 한다. 미노스는 묘비의 크기를 두 배로 하라고 시인에게 명령했는데, 이 때 시인은 각 변의 길이를 두 배로 늘임으로써 묘비를 두 배로 만들 수 있다고 말했다. 이 잘못된 생각이 기하학자들로 하여금 부피만 두 배로 늘리는 것이 어떻게 가능한가 하는 문제에 빠져들게 하였다.

또 하나의 이야기는 기원전 400년에 아테네에 전염병이 퍼져서 수많은 사람들이 죽자 아테네 시민들은 평소 숭배하는 델레스의 신전에 공물을 바치면서 병마를 쫓아달라고 빌었다. 이에 델레스 신은 "정육면체의 제단을 두 배의 부피가 되도록 만들면 병마를 깨끗이 쫓아주겠다"라고 말했다. 시민들은 각 모서리의 길이를 두 배로 늘린 제단을 새로 만들어 신전에 바쳤다. 그러나 유행병은 더욱 창궐했다. 시민들이 항의하자 신은 "내가 언제 여덟 배가 되는 신전을 원했느냐 두 배가 되는 신전을 만들어 달랬지?"라고 나무랐다. 그제서야 시민들은 부피가 여덟 배로 늘어난 것을 알았다.

그러면 이 문제는 19세기에 어떻게 해결되었을까? 이 문제가 자와 컴퍼스만으로는 풀릴 수 없다는 것이 여러 책에서 증명되었는데 그 내용 중의 하나는 "유리근을 갖지 않는 3차방정식의 근을 크기로 하는 선분은 작도할 수 없다"는 것이다. 처음 정육면체는 한 모서리의 길이가 1이라면 부피도 1이다. 구하려는 정육면체의 한 모서리의 길이를 x라 하면 x의 세제곱이 2가 되어야 한다. 그런데 세제곱해서 2가 되는 수는 유리수 중에 없으므로 유리근을 갖지 않는 3차방정식이다. 따라서 한 모서리의 길이가 x인 정육면체의

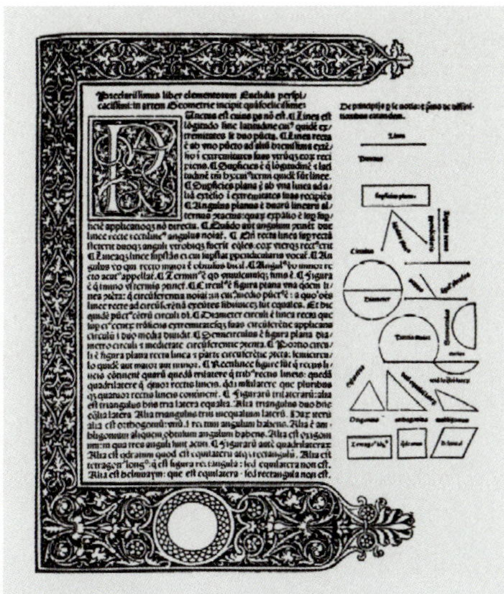

유클리드의 『기하학 원론』

길이는 작도할 수 없다는 것이다. 아직까지 세상에 전염병이 퍼지는 것을 보면 지금도 이 문제가 풀리지 않았나 싶다.

세 번째 문제에 대해 알아보자. 임의의 원의 면적과 같은 면적의 정사각형을 구하는 문제가 발생한 것은 곡선으로 되어 있는 논과 밭을 직선 도형으로 쉽게 고칠 수 있게 하기 위한 것이었다. 그래서 이 문제는 인간이 기하학을 생각하기 시작한 초기에 발생한 문제로 생각된다.

이와 같은 세 가지의 작도 문제를 연구하면서 얻은 부산물은 작도법의 발달, 히피아스의 곡선, 유선형의 콩코이드(Concoid) 곡선, 원추곡선에 대한 연구, 제도 기구의 발명 등이다. 생각지도 않았던 곳에서 쏟아져 나온 이 지식들은 수학의 발달에 큰 도움을 주었다. 그러한 부산물이 아니더라도 우리는 그리스인들의 사고를 결코 무시해서는 안 된다. 자와 컴퍼스만을 고집했듯이 실용적인 것보다는 논리적이고 합리적인 지식 체계를 원했던 그들의 노력은 유클리드의 『기하학 원론』과 같은 위대한 결과물을 남겼다. 그러한 것들이 당장은 쓸모없어 보이지만 그 기초 위에 더욱 복잡하고 어려운 것들이 쌓아올려져 현대 과학 문명이 만들어졌다는 것을 생각해 보면 그들의 고집스런 사고방식에 고마움을 느끼게 된다.

위 대 한 수학자들

닐스 헨리크 아벨(Niels Henrik Abel, 1802~1829)

노르웨이의 수학자. 19세때 5차방정식의 일반해가 존재하지 않음을 증명했다. 그를 기리기 위해 창설된 아벨상은 매년 6백만 노르웨이 크로나의 상금을 준다.

아벨은 5차 이상의 방정식은 사칙연산과 거듭제곱근의 계산을 유한 번 해서는 풀 수 없다는 것을 깨끗이 증명하여 수학의 발전에 지대한 공헌을 하였다. 무한급수의 수렴에 관한 정리로도 유명하다. '아벨군' 등 수학 용어에도 이름을 남기고 있으며, 아벨 방정식, 아벨 적분, 아벨 함수, 아벨 다양체, 원(遠) 아벨 기하학 등 그의 이름을 딴 수학 용어가 많다.

제16장 백만 달러 상금의 수학 문제

완전수는 완전한 사람만큼이나 매우 드물다. 나에게는 만물이 수학으로 환원된다.
– 데카르트

수학은 인류의 시작과 더불어 인간의 정신 세계와 문명 발전의 근원이 되었다. 고대 오리엔트 시대 초기의 수학에서는 오늘날 증명이라고 하는 과정을 찾아볼 수 없다. 단지 토지 측량, 토목 공사 등의 현실 문제를 해결하는 수단으로 이용되는 생활 수학이었다. 6세기경 고대 그리스 시대부터 수학이 학문 또는 과학으로 주목되었고, 수나 계산에서는 인도나 아라비아의 산술과 대수를 사용하였다. 인도인들은 10진법의 기초가 되는 1, 2, 3, ……, 0의 수 체계를 발명하고 아라비아 상인을 통해 유럽에 전파시켰다. 0이 사용된 최초의 기록은 페르시아 수학자 알-화리즈미(Al-Khowarizmi)가 825년에 출간한 책에서였다.

그러나 고대 그리스의 유클리드가 『기하학 원론』에서 정립한 기하학 공리 체계는 수학적 논증의 고전적 모델로서 이후 문명 세계에서 사고의 기본 틀을 형성하는 데 영향을 주었다. 17세기는 수학사에서 가장 빛나는 시기였다. 갈릴레오는 역학의 기초를 세웠고, 데카르트는 해석 기하학을 창시했으며, 뉴턴과 라이프니츠의 미적분학의 발명은 근대 과학기술 문명의 모태가 되었다. 수학 이론들은 자연과학 및 공학의 여러 분야에 응용되었고, 경제학 · 언어학 · 인류학 · 심리학 등에도 깊은 영향을 미쳤으며, 현대 철학의 정립에도 큰 도움을 주었다. 특히 20세기 중반 이후에는 앨런 튜링(Alan Mathison Turing)과 존 폰 노이만(John von Neumann)이 창안한 컴퓨터가 현대인의 삶을 바꾸면서 수학의 응용이 다양해지고, 또한 물리(NT) · 생물(BT) · 정보(IT) 등 다양한 방향으로 영향이 가속화되고 있다.

수학 분야에서 풀지 못한 미스터리라 하면 아직 증명되지 못한 미해결의 문제들을 떠올리면 될 것이다. 어느 수학자는 어려운 수학 문제를 푸는 데 일생을 바치기도 하고, 때로는 도중에 절망하여 자살한 경우도 있다. 문제의 증명이 간단치 않다 보니 상금까지 걸어 젊은 수학자들을 자극하고 수학에 대해 관심을 불러일으키기도 한다. 한 문제를 증명하는 데 1백만 달러 상금이 걸린 7개의 수학 문제가 그 대표적인 예다. 수학적 지식을 증대하고 보급할 목적으로 세워진 미국의 클레이수학연구소(Clay Mathematics Institute, 메사추세츠주 케임브리지 소재, www.claymath.org)는 밀레니엄 상금 수학 문제(Millenniem Prize Problems)를 2000년 5월 24일 파리에서 발표하였다. 정확히 1백년 전인 1900년 8월 파리에서 개최된 제2회 세계수학자대회에서 독일의 수학자 다비드 힐베르트(David Hilbert)가 23개의 문제(open problems)를

다비드 힐베르트

클레이수학연구소는 미국 캠브리지에 소재하며 2000년도에 수학의 7개 난제에 대해서 한 문제당 100만 달러 상금을 내걸었다.

발표하여 세계 수학자들에게 도전 의지를 심어 주었던 사건의 제2탄인 셈이었다. 힐베르트의 발표는 백년 동안 수학자들을 자극했고 수학에 대한 관심을 불러일으킨 점에서 높이 평가받았으며 세 문제를 제외하고는 대부분 해결되었다. 그리고 새로운 밀레니엄을 맞이하여 클레이 수학연구소는 수학의 발전과 공헌에 지대한 영향을 끼칠 수 있는 대표적 미해결 일곱 문제를 선별하여 발표한 것이다.

이보다 몇 년 전인 1996년에 현상금이 걸린 3백50년 된 미해결 문제가 풀려 전 세계 수학계를 놀람과 흥분으로 들뜨게 한 사건이 있었는데, 페르마의 마지막 정리에 대한 증명이 이루어진 일이었다. 미국 프린스턴대학교 수학과 앤드류 와일즈 교수가 7년 동안 다락방에서 이 문제만을 집중 연구한 끝에 얻어낸 성과였다. 페르마의 마지막 정리는 다음과 같다.

n이 2보다 큰 자연수일 때 방정식 xn + yn = zn을 만족하는 양의 정수 x, y, z는 존재하지 않는다.

1630년경에 피에르 페르마(Perre de Fermat)는 자신이 발견한 증명들을 공식적으로 발표하지 않고 다른 사람과 주고받은 편지에 소개하거나 책의 여백에 적어 놓았다. 페르마가 죽은 뒤 그의 아들이 아버지의 업적을 정리하여 발표했는데, 그가 책의 여백에 적어 놓은 다른 정리들은 모두 옳다는 것이 밝혀졌다. 그러나 페르마의 마지막 정리 옆에는 "나는 정말 놀라운 증명 방법을 발견했다. 하지만 여백이 없어서 그 증명을 여기에 적을 수가 없다"라고 적혀 있었다. 페르마가 발견했다고 하는 증명을 350년이 지나도록 어느 누구도 다시 증명하지 못했기 때문에 그것은 페르마의 마지막 정리라고 알려진 것이다.

1908년 페르마 정리 때문에 자살까지 시도한 적이 있는 독일의 수학자 파울 볼프스켄(Paul Wolfsken)의 유지에 따라 괴팅겐왕립과학원은 2007년 9월 13일을 기한으로 페르마의 정리를 증명하는 사람에게 10만 마르크(약 20억 원 상당)의 상금을 걸었는데 1997년 6월 27일 와일즈 교수가 이 상금을 받은 것이다.

일반인들에게는 어렵고 지루하게 여겨지는 수학이지만 수학만이 갖고 있는 절묘한 논리와 지적 세계에 매료되어 그 세계를 아름답고 흥미있게 보는 사람들도 많다. 독일의 수학자 가우스는 "수학은 과학의 여왕(Mathematics is the Queen of Sciences)"이라고 하여 수학의 학문적 논리 체계의 완전성이 모든 과학의 모델이며 모든 과학의 방법론적 언어임을 일찍이 갈파하였다.

수학에서 '참(truth)'이라고 인식되는 명제는 '정리'로 정확히 증명될 수 있어야 한다. 50% 진리나 99% 진리가 있을 수 없듯이 100% 완벽한 증명이 이뤄져야 하는 수학의 성격상 뻔해 보이는 결과지만 증명하는 데 수세기가 걸리기도 하고 미해결된 상태로 오랫동안 남기도 한다. 예를 들자면, '케플러의 추측(Kepler's Conjecture)' 같은 문제인데 "주어진 3차원 공간에 똑같은 크기의 공을 빈틈없이 가장 많이 쌓는 방법"을 수학적으로 증명하는 데 약 5백년이 걸렸다. 1609년에 나온 가정을 1998년 미시간대학의 수학 교수 헤일즈가 증명했는데 이것은 과일 장사들이 늘 쓰고 있는 방법이었다.

그러면, 앞에서 언급한 아직 미스터리로 남아 있는 현대 수학의 난제로 꼽히는 7개의 밀레니엄 문제들을 개괄적으로 소개한다. 우리나라에서도 많은 이들의 도전이 있기를 바란다.

P 대 NP 문제(The P versus NP Problem)

논리, 계산학, 컴퓨터 알고리즘과 관련된 분야이다. P는 'easy to find' 개념이고, NP는 'easy to check'의 개념이다. 쉽게 예를 들자면, 대학 기숙사에 4백 명이 입소를 신청했으나 최대 1백 명까지만 수용할 수 있다. 기숙사 사감은 서로 잘 어울리지 않는 학생들의 명단을 주면서 같은 방에 절대 배정되지 않게 하라고 했다. 어떻게 가장 쉽고 빠르게 이를 해결할 명단을 찾는 알고리즘을 개발할 수 있을까가 일종의 NP 문제이다.

호지 추측(The Hodge Conjecture)

추상적 기하학 분야이다. 20세기 수학자들은 복잡한 물체의 형태를 관찰하는 효율적인 방법들을 발견하였다. 기본적인 아이디어는 주어진 물체에 차원을 증가시켜 가며 기하학적인 방식으로 붙여서 블록을 형성해

갈 때 그 물체의 본질을 어떻게 볼 것인가 하는 문제이다.

푸앵카레 추측(The Poincare Conjecture)

도형과 관련된 기하학, 위상수학 분야이다. 만일 우리가 사과 겉표면을 고무밴드로 감는다면 우리가 원하는 어떤 점까지 사과를 자르지 않고 고무밴드를 늘릴 수 있다. 반면에 똑같은 고무밴드로 도넛 주위를 감는다고 가정해 보면 우리가 원하는 점에 고무밴드가 닿게 하기 위해서는 고무밴드나 도넛을 자르지 않고는 할 수가 없다. 이런 다른 점 때문에 사과의 표면은 단순히 연결되었다(simply connected)고 하는 반면에 도넛은 그렇지가 않다고 한다. 약 1백 년 전에 푸앵카레는 2차원적 구 모형은 이러한 단순 연결의 성질을 갖고 있지만 3차원적 구는 어떨까 하는 질문을 던졌다. 이 질문은 매우 어려운 문제로 많은 수학자들이 고심을 하였다.

리만 가설(The Riemann Hypothesis)

19세기 독일의 수학자 게오르그 프리드리히 베른하르트 리만(Georg Friedrich Bernhard Riemann)이 만든 것이다. 힐베르트의 23문제 중 풀리지 않은 3문제 중의 하나이며, 소수(prime numbers)와 기하학 등의 순수수학 분야에서 가장 중요시되고 있는 미해결 문제이다. 2, 3, 5, 7과 같은 소수는 순수수학이나 응용에서 중요한 역할을 한다. 이러한 소수는 어떤 규칙에 의해서 나타나지 않는다. 그러나 리만은 리만 제타함수 $\zeta(s) = 0$의 해와 매우 밀접한 관계를 갖고 나타난다고 주장했다. 리만 제타함수를 만족하는 해 중에서 처음 15억 개까지는 증명이 되었지만 그 이상은 아직도 소수 분포를 둘러싸고 있는 수학의 미스터리로 1백50년간 증명되지 못했다. 이 문제를 풀면 컴퓨터 통신의 비밀 유지에 크게 기여할 것으로 보고 있다.

양-밀즈 이론(Yang-Mills Theory)

물리학과 관련된 분야이다. 뉴턴의 고전적 역학 이론이 천문학 세계와 관련있다면 양자물리학의 이론은 소립자 세계와 관련된다. 반세기 전에 양과 밀즈는 양자물리학을 설명하는 혁신적인 새로운 체계를 발견했는데 이 구조는 기하학에서도 발견됨을 알아내었다. 고도의 에너지 상황에서는 양-밀즈 방정식에 의해 예측될 수 있다는 결과가 세계적으로 유명한 많은 연구소의 실험 결과 입증됐다. 그러나 특히 메스 갭(mass gap) 가설은 수학적으로 만족할 만한 정당성을 인정받지 못하고 있다. 이 문제의 해결은 물리학과 수학에서 모두 새로운 아이디어를 요구하고 있다.

내비어-스톡스 방정식(Navier-Stokes Equations)

이 역시 물리학과 관련된 분야이다. 보트를 타고 갈 때 일어나는 물결이나 비행기가 지나갈 때 생기는 공기의 저항과 같은 현상을 예측할 수 있는 방정식이 19세기에 내비어와 스톡스에 의해 발표되었지만 이러한 방정식은 수학적 이론이 뒷받침되지 못하고 있다. 이 문제가 해결된다면 비행기와 선박에 크게 응용될 수 있을 것이다.

버치와 스위너튼-다이어 추측(The Birch and Swinnerton-Dyer Conjecture)

기하학적 아이디어와 관련된 분야이다. 수학자들은 x2 + y2 = z2와 같이 문제를 정수를 이용한 대수방정식으로 나타내기를 좋아한다. 이러한 방정식에 대하여 유클리드는 이미 완벽한 해를 보여 주었다. 그러나 좀 복잡한 방정식일 경우에는 문제가 어렵게 된다. 1970년에 유리 마티야세비치(Yuri V. Matiyasevich)는 힐베르트의 열 번째 문제가 풀 수 없는 것이라는 증명하였다. 즉, 어떤 방정식이 해를 갖고 있을 때 어떻게 결정을 할 것인가에 대한 일반적인 방법은 없다는 것이다. 그러나 특별한 경우에는 무언가를 말할 수 있다. 버치와 스위너튼-다이어의 추측은 해가 아벨 변수 위에 있을 경우에 그러한 점들의 집단의 크기는 제타함수 값이 0일 경우에는 무한개의 해가 있고, 1에서 제타함수 값이 0이 아닐 경우에는 유한개의 점만이 존재한다는 주장이다.

언급한 7개의 난제 중 푸앵카레 추측이라는 문제를 러시아의 수학자 그리고리 페렐만이 2003년에 풀었으며 몇 년의 검증 끝에 해법에 문제가 없음이 발견되었다. 혹자는 현존하는 세계 최고의 천재를 2명 꼽자면 러시아의 그리고리 페렐만과 프린스턴 고등연구소의 에드워드 위튼(Edward Witten)을 들기도 한다. (그 이전 세대로는 아인슈타인, 존 폰 노이만 등을 들기도 한다.)

그리고리 페렐만은 2003년경 인터넷에 A4 3~4장 분량의 논문 하나를 올렸는데 이것이 알고 보니 수학의 7대 난제 중 가장 유명한 푸앵카레의 추측에 관한 것이었다. 이 사실을 알게 된 많은 사람들이 그 논문을 보았고 대학 교수진이 약 3~4년에 걸쳐 검증을 실시한 결과 페렐만의 증명이 옳다고 밝혀냈다. 미국 매사츠세츠 주의 클레이수학연구소는 페렐만에게 100만 달러 상금을 주겠다고 했으나 그는 거절했다. 돈과 스포트라이트에 관심이 없다는 것이 그 이유였다. 2006년 스페인 마드리드에서 열린 국제수학연맹 총회에서 필즈상 수상자로 결정되어 시상식에 참가해 달라고 요청했으나 그는 그것마저도 거부했다. 국제수학연맹 회장이 직접 상트페테르부르크로 찾아가서 상을 받으라고 부탁했지만 역시 거절당했다.

러시아뿐 아니라 세계의 수많은 언론들이 페렐만을 추적했지만 찾지 못하다가 결국 한 허름한 아파트에서 노모와 한 달에 약 10만 원 정도의 생활비로 살아가고 있는 그를 발견했다. 그는 자택 인근 숲속에서 버섯을 채취하다가 발견되었다고 한다. 그래서 그를 '은둔의 수학자'로 부른다.

보험 상품 고르는 일도 수학과 직결

수학의 난제를 해결하는 데 시한은 없다. 설사 당장 완벽한 정답을 못 찾는다 해도 연구 과정에서 수학의 발전과 보급에 상당한 기여를 할 수 있다. 문제를 해결했을 경우에는 세계적으로 인정받는 학술지에 먼저 발표한 후 2년이라는 기간 동안 확실하게 수학계의 검증을 거친 후에 클레이수학연구소에서 공식적 심사를 결정한다.

우리가 잘 모르고 있지만 수학은 우리의 삶 속에 녹아 있고, 우리 모두는 수학적으로 생각하고 행동한다. 간단히 예를 들어, 가장 좋은 예금과 보험 상품을 고르는 일, 슈퍼마켓에서 가장 효율적인 쇼핑을 하는 일, 한 지점에서 다른 한 지점으로 이동하는 가장 짧은 지름길을 찾는 일 등이 일상에서의 수학적 행동들이다. 수학적 사고의 두 축은 엄밀하고 명쾌한 논리 전개와 상상의 날개를 마음껏 펼 수 있는 생각의 자유로움이다. 종합적인 분석 능력과 자유로운 사고방식에 익숙한 사람들은 수학과 직접적으로 관련이 없는 일반 분야에서도 뛰어난 위기 해결

능력과 더불어 창의적인 관리 능력을 발휘한다.

미국 · 프랑스 · 독일 등의 선진국들이 중 · 고등학교와 대학에서 수학 과목을 집중적으로 교육하는 이유가 여기에 있다. 수학 실력은 국력과 비례한다. 이를 증명하는 통계 자료도 있다. 수학의 중요한 학문적 특징 중의 또 하나는 모든 것이 증명된 상태에서 앞으로 나아가기 때문에 학문적 성과와 업적이 누적된다는 점이다. 수학적 실력은 우수한 과학 기술과 직결되며 그것은 쌓이고 누적되어 간다. 여기에 우리가 수학 분야를 육성하고 발전시키는 데에 국가적 관심과 노력을 아끼지 말아야 할 당위성이 있다.

수학과 수학적 사고는 인류 역사에서 과학과 기술뿐만 아니라 사상이나 예술 등 다방면에 지대한 영향을 끼쳐 왔고, 앞으로는 더욱 그럴 것이다. 우주 만물 그 자체이고, 이를 표현하는 언어라고 할 수 있는 수학! 수학의 신비에 대한 끊임없는 도전이 인류 문명을 더 찬란하게 꽃피우는 열쇠가 될 것이다.

위대한 수학자들

게오르그 칸토어(Georg Cantor, 1845~1918)

독일의 수학자. 칸토어는 1845년 러시아의 상트페테르부르크에서 덴마크인 부모에게서 태어나서 1856년에 부모와 함께 독일의 프랑크푸르트로 이주하였다. 아버지는 신교로 개종한 유태인이었고, 어머니는 가톨릭 신자였다.

중세신학, 연속성과 무한에 관한 복잡한 논쟁에 관심이 있던 칸토어는 공업 기술사가 되라는 아버지의 제안을 물리치고 철학 · 물리 · 수학을 공부하기 위해 취리히 · 괴팅겐 · 베를린대학교에서 공부했다. 칸토어의 초기 관심사는 정수론, 부정방정식, 삼각급수에 있었다. 그는 삼각급수의 미묘한 이론에서 영감을 얻어 해석학의 기초로 눈을 돌렸다.

역설 집합론은 칸토어에 의해 도입된 것으로 수학의 기초에서 중요한 개념이다. 칸토어는 집합간의 일 대 일 대응 개념을 확립하고, 무한집합의 크기를 구별할 수 있음을 밝혔다. 힐베르트는 칸토어의 업적에 대해 "수학적 지성의 최고봉이며, 인간 지성의 최고봉을 이뤘다"고 논평했다.

제17장 우주 탐험과 수학

시인 기질을 갖추지 못한 수학자는
결코 완벽한 수학자가 되지 못한다는 것이 진실이다.
– 바이어슈트라스

우주는 유한한가, 무한한가? 엄청난 재원이 드는 우주 탐사는 왜 하는가? 우주의 나이는 130억 년 정도, 크기는 대략 100억 광년 되는 공간으로 약 4만6000개의 은하와 10의 500승 개의 다중 우주가 존재할 가능성이 있는 무한에 가까운 유한 존재다. 우주의 기원에 대해선 여러 학설

각국의 우주 탐험 경쟁은 치열하다. 성공적인 우주 탐험에는 수학 및 과학기술뿐만 아니라 국제적인 공조와 협력이 요청된다.

소련의 유리 가가린(Yuri Gagarin)은 1961년 4월 12일 지구상에서 최초로 우주에 간 인간이 되었다.

이 있는데 모두 물리법칙에 근거하여 수학적으로 유도되었다. 주류인 빅뱅(Big Bang) 이론은 무한대의 밀도와 에너지를 가지고 있지만 부피는 제로인 한 점, 수학적으로 특이점이라 칭하는 한 점의 대폭발로 현재의 우주를 이루었다는 것인데 빅뱅 이전의 우주를 설명하는 데는 의문이 남는다.

부피 제로의 특이점에 대한 의문을 보완하고 일반상대성이론과 양자물리학을 통합하여 이전 우주가 제로가 되기 전 아주 작은 부피로 수축하다가 힘을 못 이겨 다시 크게 바운스되어 현재 우리가 살고 있는 우주로 성장한 것이라고 설명하는 빅 바운스(Big Bounce) 이론은 고무공에 압력을 가하면 줄어들었다 어느 지점에서 다시 팽창하고, 다시 줄어드는 현상을 연상하면 된다.

지구상에 가난과 질병 같은 미해결 난제도 많은데 왜 우주에까지 돈

미국 위스콘신대학에서 디자인한 달 표면에서 헬륨3(Helium3)를 수집하는 광산차의 모형이다. 헬륨 수집의 현실화에는 다양한 기술력이 요구된다.

미국 NASA 소속 우주인이 국제우주정거장에 설치된 로봇의 팔과 접속 후 스페이스워에 참여하고 있는 모습. (NASA 제공)

을 써야 하는지는 우주 개발의 최선봉에 선 미국에서도 되풀이되는 쟁점이다. 우주 탐험이 순수한 과학적 호기심만을 위한 것일까? 단연코 아니다. 구소련이 1961년 사상 첫 유인 우주선인 보스토크 1호를 발사하자 미국은 발칵 뒤집혔다. 미국이 초비상 끝에 찾아낸 원인은 다름 아닌 '수학'이었다. 수학 실력이 달려 인공위성 발사가 뒤졌다는 결론이었다. 미국은 중 · 고교 수학교육에 박차를 가했고, 1969년 아폴로 11호를 쏘아올림으로써 최초로 인간의 발자국을 달에 남겼다. 과거 열강들이 자원 확보와 식민지 확대를 위해 바다로 나아갔듯, 오늘날 우주 탐험과 개발은 우주에 대한 각국의 지배력 각축전이며 자원과 에너지 선점을 위한 실리 추구 경쟁이다. 미국을 비롯한 러시아 · 프랑스 · 일본 · 중국 · 영국 · 인도 · 이스라엘 등 스페이스 클럽(Space Club) 국가들은 국가적 역량을 쏟아 달과 행성 탐사 계획을 연이어 발표하면서 각축의 열기를 더하고 있다.

예를 하나 들어보자. 제한된 화석 연료와 오일 가격 상승으로 에너지 확보 및 대체에너지 개발에 비상이 걸렸다. 이런 상황 속에서 최근 각국은 신개념 대체 청정에너지 자원인 헬륨3 선점에 눈독을 들이고 있다. 헬륨3은 태양에너지와 같은 원리인 핵융합 반응 에너지원이다. 헬륨3은 지구에는 없고 달에 존재한다. 미국 위스콘신대 융합기술연구소는 1986년 달에 존재하는 헬륨3의 활용 방안에 대해 최초로 발표하면서, 달에는 약 100만t의 헬륨3이 추정 매장되어 있고 우주선 한 대가 한 번에 싣고 올 수 있는 25t이면 미국 전체가 1년 동안 쓸 수 있는 에너지를 생산할 수 있다고 했다.

이처럼 스페이스 클럽 국가들이 달에 유인 우주정거장을 건설하려는 경쟁을 벌이고, 화성과 금성에도 유인 우주선을 보내려고 시도하며, 더 먼 우주에 대한 탐험 프로젝트를 기획하는 중요한 이유 중 하나가 바로 에너지원의 확보다. 우주항공 분야는 여러 첨단 기술이 복합적이고 유기적으로 연계된 시스템 분야로서 수학 · 물리 · 항공 · 기계 · 전자 · 재료 · 컴퓨터 · 반도체 등 광범위한 분야가 협력하여 미래의 신기술을 창출해 나가는 대표적인 기술 선도형 분야이다. 따라서 연구 개발의 결과나 부산물이 타 분야에 미치는 파급 효과가 크며, 우리나라의 미래지향적 기술 혁신을 선도할 수 있는 중요한 분야이다. 최근 미 항공우주국(NASA) 고위직에 임명된 신재원 박사는 "한국도 수학과 과학 실력을 갖춘 인재를 양성하고, 우주 항공의 정확한 방향 설정과 예산을 기획하여, 우주 항공 분야로의 도약을 꾀해야 한다"고 역설했다. 좁은 국토와 부전 자원이 빈약한 우리나라가 후손들에게 창대한 미래를 남겨 주기 위해선 더 적극적으로 우주 개발에 참여하고, 우주에 대한 열강의 패권 쟁탈에서 뒤지지 않도록 해야 한다.

위 대 한
수학자들

카를 바이어슈트라스(Karl Weierstrass, 1815~1897)

독일의 수학자. 본대학에서 상업과 법률을 배운 뒤 뮌스터대학에서 타원함수론을 연구하였다. 1856년 베를린대학의 교수로 초빙되어 종신토록 재직하면서 연구와 강의에 전념하였다. 바이어슈트라스는 멱승수로서 복소함수이론의 기초를 확립하였고, 미비했던 뉴턴의 미적분을 수정하였다. 1변수 복소함수, 로그함수의 멱급수에 대한 이론을 정비하는 등의 업적을 남겼다. 정수론을 연구하여 해석함수의 사상을 전개했고 해석수학의 기초를 확립하여 아벨 이후의 대수학자로 불린다.

그의 엄밀성은 모든 연구에서 나타나 변분법의 연구, 동일수렴의 발견, 도처에서 미분할 수 없는 연속함수의 제시 등 이후의 수학의 엄밀화에 커다란 영향을 끼쳤다.

제18장 수(數)의 발달 과정

함수는 단지 기호적 수식이 아니라 우주의 법칙이며,
그것은 모래알과 가장 먼 거리에 있는 별들의 동작까지 포괄한다.
– 모리스 클라인

수의 역사는 수많은 독창적인 발명의 역사이다. 인류 최초의 숫자는 오늘날 우리가 사용하는 숫자와는 전혀 다른 모습이었다. 오늘날과 같이 수를 헤아리는 방식은 많은 사람들에 의해 서서히 이루어졌고, 사용하기 불편한 수는 저절로 사라져 갔다.

그러면 '수'는 언제부터 생겼을까? 정확히 수를 누가 발명했는지 모르지만 문자가 발명되기 이전부터 부족의 수나 사냥감의 숫자를 헤아리기 위해 수의 필요성을 느꼈을 것이고, 그 후에 그것을 표시할 수 있는 기호 즉 숫자가 발명되었다고 추측된다. 인간 정신의 발달사라고 할 수 있는 수학의 역사를 보면 이집트 수학, 바빌로니아 수학, 그리스 수학, 아라비아 수학, 중세 유럽 수학, 인도 수학, 중국 수학 등이 각각 개별적으로 발달했듯이 수의 체계도 각기 발달하였다. 오늘날 우리가 쓰는 십진법은 아라비아에서 사용되다가 세계로 전파된 것이다.

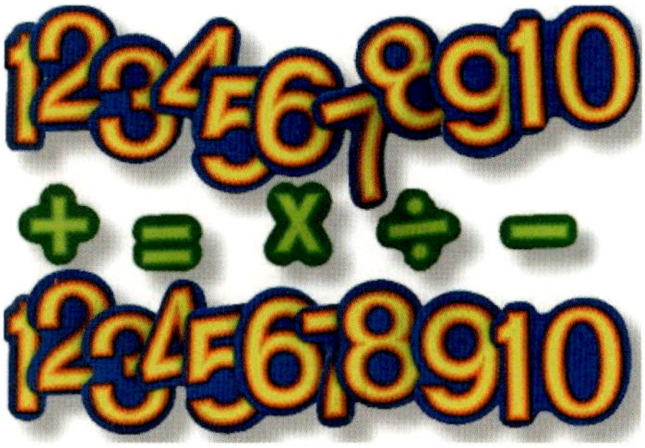

수의 역사는 수없이 많은 발견과 발명의 역사이다.

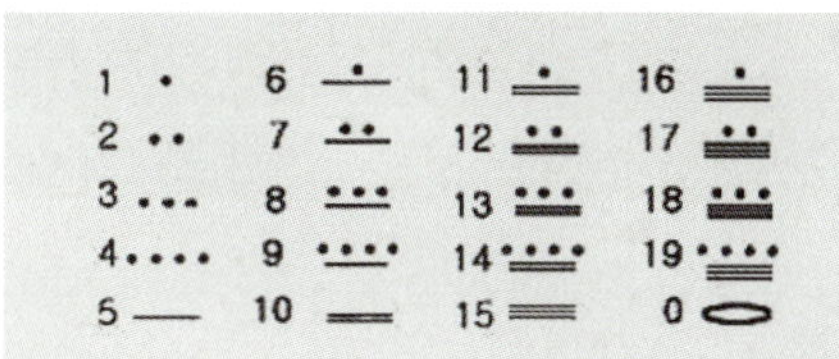

마야 20진법

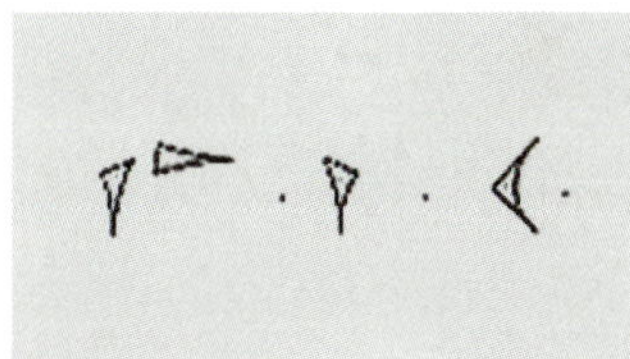

바빌로니아 쐐기문자

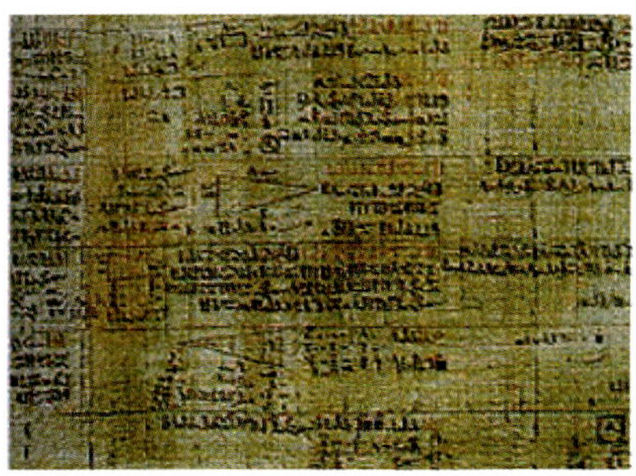

아라비아 수판(좌)
파피루스 위의 수학풀이(우)

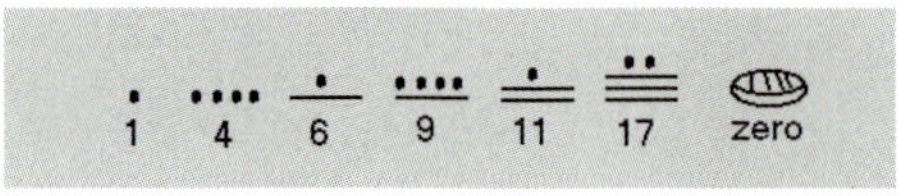

마야인의 숫자. '영'의 개념도 사용한 것으로 알려져 있다.

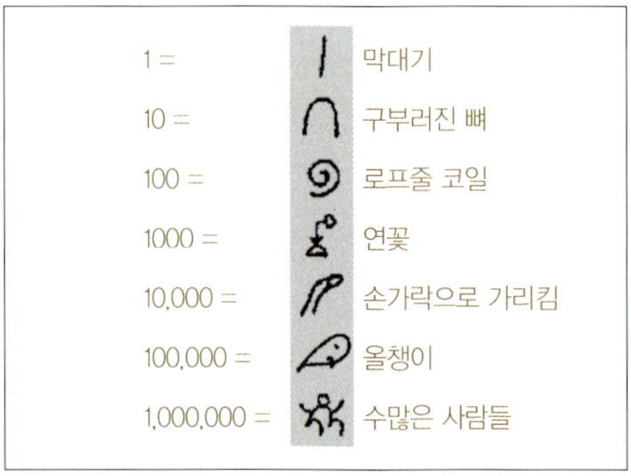

고대 이집트의 숫자

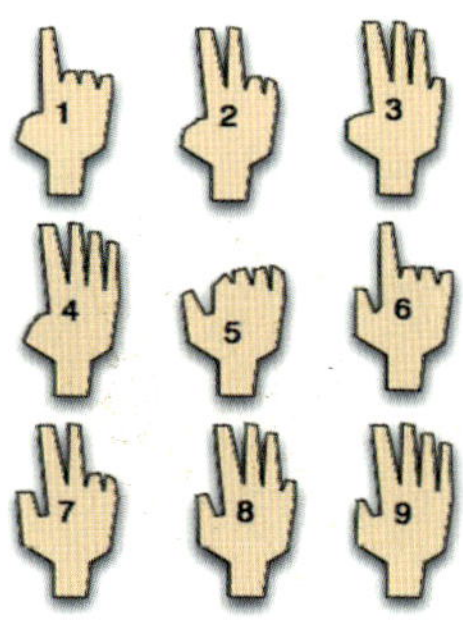

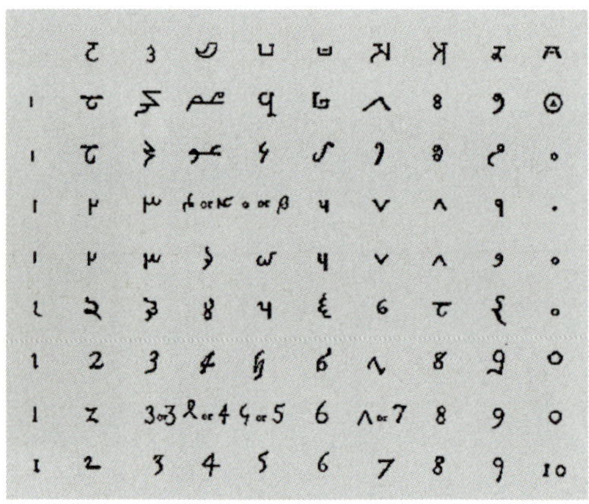

손가락으로 세는 수(좌)
아라비아 숫자의 변천(우)

0의 발견

0의 발견은 위대한 것이었다. 현대 수학에서 0은 두 가지의 기능을 가지고 있다. 첫째로 99나 909와 같이 수를 구별할 수 있게 해준다. 숫자의 위치가 자릿수를 의미하는 이런 표기법에서 0은 '비어 있는 자리'를 나타내고 있다. 기원전 바빌로니아인들은 혼동을 피하기 위해 0의 사용을 권장하였고, 그리스인들이 이것을 도입하여 지금과 비슷하게 생긴 기호(동그라미)로 정착시킨 것이다.

그러나 0이라는 수에는 더욱 깊고 중요한 의미가 담겨져 있다. 이 의미는 너무도 심오하여 그로부터 수세기가 지난 뒤에야 인도인들에 의해 발견되었다. 힌두의 수학자들은 0이 숫자들을 구별하는 기능만 갖고 있는 것이 아니라, 그 자체가 고유한 수라는 것을 간파하였다. 1과 2가 고유한 수인 것과 마찬가지로, 0 역시 엄연한 수로서 존재한다. 즉 '아무것도 없음'을 나타내는 수인 것이다. 이전까지는 전혀 구체화시킬 수 없었던 무(無)의 개념을 0의 등장과 함께 비로소 실제적인 기호로 표현할 수 있게 되었다.

현대를 사는 우리에게 0의 등장은 '별볼일없는' 사건으로 보일지도 모른다. 그러나 0의 발견으로 그동안 풀 수 없었던 많은 수학적 난제가 해결되었다. 인도 수학자들은 이 문제를 집요하게 파고들어 '무한대'라는 개념과 연결시켰고, 7세기 학자 브라마굽타(Brahmagupta)는 '임의의 수를 0으로 나눈 몫'을 무한대의 수학적 정의로 사용하였다.

음수의 발견

기온을 영상(+)과 영하(-)로, 국가나 회사의 재정을 흑자(+)와 적자(-)로 나타내듯 현재 일상생활의 여러 분야에서 양수와 음수는 편리하게 사용되고 있다. 자연수와는 달리 인류가 음수를 자연수처럼 자유롭게 사용하기 시작한 것은 16세기경부터이다. 음수의 개념은 서양보다는 동양에서 먼저 사용했는데 인도 사람들은 음수를 '부채'라고 불렀고, 중국 사람들은 빨간 막대로 음수를 나타냈다. 이 때문에 사업에서 손해 본 경우에 '적자(赤字)'라는 말이 생겨난 것이다.

유럽인들이 음수를 이해하기 시작한 것은 해석기하학의 창시자인 데카르트가 음수를 직선 위에 표시한 것이 계기가 됐다. 음수가 자연수와 함께 수의 체계를 이룬 것은 '0' 때문이었다. 수직선의 기준점에 0을 표시하고 오른쪽을 양수, 왼쪽을 음수로 표시하면서 기하학적인 체계로 음수를 쉽게 이해할 수 있었다. 이 때문에 양수에서 사용되던 '크다' '작다'라는 개념이 음수에도 적용됐고, '음수가 0보다 작은 수'라는 개념도 생겼다.

음양으로 수를 나누어 볼 때 짝수는 음수에, 홀수는 양수에 해당한다. 또한 음양이 지니는 여러 의미 중에 음은 죽음, 양은 삶과 연관이 되기 때문에 일상생활에서 양수를 선호하는 경향이 생겼다. 최초의 양수 1과 최초의 음수 2가 합쳐져 이루어진 음양 합일된 최초의 수 3을 선호하며, 그 3이 다시 3번 합쳐진 9를 가장 완벽한 수라고 한다. 음양의 면에서 볼 때 결과적으로 좋은 수가 모두 양수(홀수)인 데에 반해, 음수(짝수)는 제사때 짝수로 절을 하고, 짝수로 춤을 추고, 짝수의 음악을 연주

하는 것에서처럼 양수의 대를 의미한다.

완전수 6, 28……

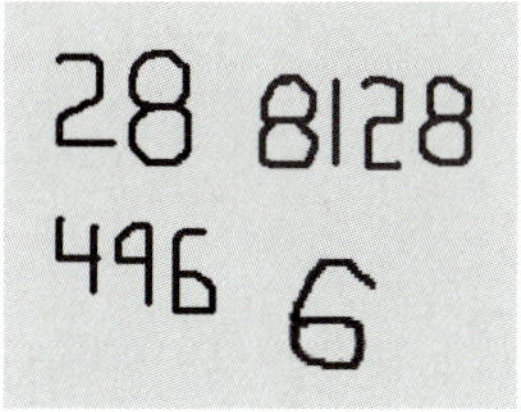

완전수

하나님이 6일 동안에 세상을 창조했다는 이야기는 6일 동안 완전한 우주 만물을 창조했다는 뜻이다. 벌집은 또 연속된 정육각기둥으로 이루어져 있음을 볼 수 있다. 공간을 사용하는 가장 효율적인 방법을 벌이 알고 있다는 사실은 놀라운 일이다. 겨울에 내리는 눈은 정육각형의 아름다운 도형으로 구성돼 있고, 광물들의 결정체도 육각 기둥으로 형성된 것이 많다. 그리스인들은 6의 약수 1, 2, 3, 6에서 자기 자신의 수 6을 제외한 수 1, 2, 3의 합 즉, 1 + 2 + 3 = 6이 됨을 알고 있었는데, 이러한 수를 완전수라고 불렀다. 또, 28의 경우를 보자. 28의 약수는 1, 2, 4, 7, 14, 28인데 자기 자신의 수 28을 제외한 수 1, 2, 4, 7, 14를 더하면 1 + 2 + 4 + 7 + 14 = 28이므로 28은 완전수가 된다. 결혼을 앞둔 처녀 총각들은 28세가 되는 해에 결혼을 많이 했고, 28일이 좋은 날이라 하여 각종 행사가 주로 열렸다.

남성의 수(3) + 여성의 수(2) = 결혼(5): 수 1, 2, 3, 4, 5의 의미

수학이 성년기에 들어선 고대 그리스 시대에 수에 대한 호기심과 신비로움은 극에 달했다. 피타고라스학파는 (자연)수가 만물의 구성 원소라고 믿었으며, 이에 따라 수 사이의 관계를 터득한 사람은 만물의 현

상을 이해하고 지도할 수 있다고 생각했다. 그들은 수 하나하나에 의미를 부여했는데, 이를테면 다음과 같다.

1은 모든 수의 생성원으로서 가장 존경받는 수이며 이성의 수다. 모든 것의 우두머리를 나타내고 최초를 뜻한다. 또한 행복의 수, 축복의 수라고도 한다.

2는 최초의 짝수 또는 여성의 수로 의견의 다양성을 나타낸다. 삼라만상의 화합과 조화를 나타내며 지혜의 수라고도 한다. 이분법적인 관계로서 음과 양, 일월, 천지, 남녀, 부모, 선과 악, 흑과 백 등도 2와 밀접한 관계가 있다. 2는 대립 또는 반대의 뜻도 있어서 싸움을 의미하기도 한다.

3은 최초의 진정한 남성의 수로서 단일성과 다양성의 합성으로 조화를 나타낸다. 안정과 조화의 수로서 우리나라 사람들이 가장 좋아하는 수이기도 하다. 3은 정립이라 하여 삼각대가 만들어지고, 모든 것의 근본을 말하기도 하며, 천 · 지 · 인, 3원색, 3요소, 삼위일체 등의 뜻이 있다.

4는 완성, 완전, 인내를 나타내는 수이다. 춘하추동, 동서남북, 사상의학(태양 · 태음 · 소양 · 소음), 4천왕(지국천 · 광목천 · 증장천 · 다문천) 등은 완성을 의미하기도 한다. 그러나 우리나라에서는 죽을 사(死)와 동음이라 하여 4호실 · 4층 등은 사용하는 것을 기피하고 있다. 원한의 해소를 권유하는 수이다.

5는 최초의 진정한 남성의 수와 여성의 수의 결합으로 결혼을 의미한다. 사람의 손가락 수와 같으며, 모든 것, 많은 것, 전부를 나타내는 수라고 볼 수 있다. 동양에서는 5행 · 오륜 등 모든 것을 나타낸다. 서양에서도 올림픽 5륜 마크, 5성 장군 등 모든 것, 높은 것을 의미하고 있다.

미국과 유럽에서는 아직도 5각형에 대한 신앙이 남아 있어 미국 국방성(일명 Pentagon) 건물이 5각형인 것도 그런 연유라고 한다.

또 여성 수 2와 남성 수 3을 곱한 6은 사랑과 결혼의 수이다. 6을 상징하는 정삼각형과 역정삼각형을 겹쳐 만든 다윗의 별은 사랑, 결혼, 우주를 표현한다.

시각적 인식 수의 한계는 4개

동물은 어디까지 수를 인식할 수 있을까? 심리학 교수들이 동물을 상대로 실험을 해 본 결과 까마귀 · 비둘기와 같은 조류는 2와 1, 3과 2, 4와 1, 4와 2, 4와 3 정도까지 구별이 가능하였다. 하지만 이는 수를 인식하는 것이 아니고 단지 4와 3이 다르다는 것을 구별해 내는 정도이다. 수를 인식하는 것은 '나무 다섯 그루', '사과 다섯 개', '강아지 다섯 마리'에서 5라는 공통점을 안다는 것이다. 쥐, 개, 말과 같은 동물은 1에서 3까지, 사람과 많이 닮은 침팬지는 1에서 5까지 수를 인식한다고 알려져 있다.

그러면 인간이 인식할 수 있는 수의 한계는 어디까지일까? 물론 여기서 말하고자 하는 것은 인간이 수를 어디까지 이해할 수 있느냐 하는 질문이 아니다. 즉, 인간이 두뇌를 쓰지 않고(세지 않고) 과연 얼마나 수를 인식할 수 있느냐 하는 질문이다.

위 그림에서 "동그라미의 수는 몇 개인가?"라고 묻는다면 누구나 단

번에 두 개라고 답할 것이다.

○○○○○○○○○○○

그러나 위 그림에서 "동그라미의 수는 몇 개인가?"라고 물었을 때 곧바로 대답하기가 쉽지 않다. 대부분의 사람은 흘긋 보는 것으로는 동그라미 개수를 맞추지 못한다. 그러면 인간의 눈이 인식할 수 있는 한계는 얼마일까? 인간은 대체적으로 4개까지는 정확히 인식할 수 있다고 한다. 4개 이상은 세어 보는 것이 바람직하다. 그렇기 때문에 자동차 번호판의 숫자도 4개이며, 전화번호 역시 4자리 이상으로는 만들지 않는다. 기억하기 쉽다는 것은 편리하다는 걸 의미한다.

숫자 3의 의미

3은 많다는 의미보다는 완벽하거나 조화롭다는 의미를 가지고 있다. 동양, 특히 한자 문화권에서 셋을 가리키는 3이라는 글자는 그 획이 각기 하늘과 인간과 땅을 의미하는 일종의 신성한 문자이다. 그런가 하면 영어로 3(three)은 나무(tree)라는 말에서 파생되었다. 나무는 풍요 또는 번영이나 안정의 상징이다. 나무의 삼각형 구도는 완벽한 느낌을 준다. 불교에서도 3이라는 숫자는 많은 것을 의미한다. 법당에 들어가 보면 부처님이 한 분이 아니라 세 분이 모셔져 있다. 부처를 두 분 또는 넷이나 다섯 분을 모시는 경우는 없다. 그 밖에 불 · 법 · 승 삼보(세 가지 보물), 불교의 세 가지 근본 등이 있다. 기독교에서 섬기는 예수는 태어나서 동방박사 3명으로부터 3개의 보물과 축복을 받았으며, 30세까지 무명으로 살다가 33세에 죽었으나 3일 만에 부활하였다.

도교나 우리의 민간신앙에서도 3은 특별한 의미를 가지고 있다. 우리의 건국신화에는 3신이 등장하는데 그 신은 환인·환웅·환검이다. 환인은 하늘의 신이고, 환웅은 신과 인간의 중간자이고, 환검은 인간의 조상이다. 또, 우리 조상들은 아기를 낳을 때 삼신할미라는 신이 관여한다고 믿고 있다. 민간신앙을 통해 전해 내려오는 이 삼신할미란 도대체 어떤 존재일까? 최근 한 학자의 주장에 따르면 아기들이 태어날 때 첫 번째 신은 뼈를, 두 번째 신은 살을, 세 번째 신은 영혼을 갖게 해준다는 고대의 기록이 발견되었다고 한다. 그런가 하면 첫 번째 신은 아이를 갖게 해주고, 두 번째 신은 아이를 낳게 해주며, 세 번째 신은 아이를 키워 주는 신이라는 기록도 있다고 한다.

우리가 일상생활에서 흔히 쓰는 속담에도 숫자 3이 들어 있는 예를 많이 볼 수가 있다.

· 삼 년 가뭄엔 살아도 석 달 장마에는 못 산다.
· 삼 년 구병(병간호)에 효자 없다.
· 서당개 삼 년에 풍월한다.
· 작심삼일
· 초가삼간
· 내 돈 서 푼은 알고 남의 돈 칠 푼은 모른다.
· 부자는 망해도 삼 년 먹을 것이 있다.
· 세 살적 버릇 여든까지 간다.
· 세 잎 주고 집 사고 천 냥 주고 이웃 산다.
· 죽어 석 잔 술이 살아 한 잔 술만 못하다.

· 중매 잘하면 술 석 잔, 못하면 뺨 석 대.

이와 같이 숫자 3은 고대로부터 우리의 삶과 밀접하게 관련되어 있다. 아르키메데스는 물이 가득 찬 탕 속에 몸을 담근 순간 흘러 나간 물을 보고 부력의 법칙을 발견하였고, 뉴턴은 사과가 나뭇가지에서 땅으로 떨어지는 것을 보고 만유인력의 법칙을 발견했다. 과학사, 수학사에서 나오는 일화에서 중요한 것은 낱낱의 사실을 단지 그것만으로 보지 않고 다른 일들과 연관지어 생각해야 한다는 교훈을 깨닫는 것이다. 그것은 곧 적은 일을 큰 차원에서 파악한다는 뜻이다.

아르키메데스는 당시 복잡한 모양을 한 왕관의 부피를 계산하느라 침식을 잊어 가며 여러 날 씨름을 했다. 그것은 '왕관이 순금이냐, 또는 은이 섞여 있느냐?' 하는 문제에 관한 것이었다. 뉴턴의 경우도 마찬가지였다. 그는 힘과 운동의 문제를 가지고 오랫동안 사색을 하였다. 아르키메데스 이전에도 목욕탕에 들어간 사람, 뉴턴 이전에도 사과가 땅으로 떨어지는 것을 본 사람은 얼마든지 있다. 그러나 아무도 두 사람처럼 대발견을 하지 못했다. 이 천재들은 그 문제를 갖고 상당 시간을 집중적으로 생각하였던 것이다.

문제 풀이는 단순한 느낌이나 우연으로 얻어지는 것이 아니다. 문제를 풀겠다는 강한 의욕과 집중적 사색이 있을 때만 가능해진다. 문제를 풀겠다고 오랫동안 씨름하다 잠깐 동안 휴식하고 있을 때 좋은 생각이 튀어나오는 것이다. 어려운 문제에 부딪히면 생각하는 사이에 그것이 머리에 박혀 버린다. 전화를 걸다가 또는 산책 도중에, 저절로 고심했던 문제의 해가 나오는 경우가 있으니 끊임없이 그 문제에 매달리고 사색하는 것 외에 왕도는 없다.

재미있는 숫자 피라미드 보기들

0×9+8=8

9×9+7=88

98×9+6=888

987×9+5=8888

9876×9+4=88888

98765×9+3=888888

987654×9+2=8888888

9876543×9+1=88888888

98765432×9+0=888888888

987654321×9-1=8888888888

9×1+2=11

9×12+3=111

9×123+4=1111

9×1234+5=11111

9×12345+6=111111

9×123456+7=1111111

9×1234567+8=11111111

9×12345678+9=111111111

8×1+1=9

8×12+2=98

8×123+3=987

$8 \times 1234 + 4 = 9876$

$8 \times 12345 + 5 = 98765$

$8 \times 123456 + 6 = 987654$

$8 \times 1234567 + 7 = 9876543$

$8 \times 12345678 + 8 = 98765432$

$8 \times 123456789 + 9 = 987654321$

$0 \times 9 + 8 = 8$

$9 \times 9 + 7 = 88$

$98 \times 9 + 6 = 888$

$987 \times 9 + 5 = 8888$

$9876 \times 9 + 4 = 88888$

$98765 \times 9 + 3 = 888888$

$987654 \times 9 + 2 = 8888888$

$9876543 \times 9 + 1 = 88888888$

$98765432 \times 9 + 0 = 888888888$

$987654321 \times 9 - 1 = 8888888888$

$11^2 = 121$

$111^2 = 12321$

$1111^2 = 1234321$

$11111^2 = 123454321$

$111111^2 = 12345654321$

$1111111^2 = 1234567654321$

11111111^2=123456787654321

111111111^2=12345678987654321

1 ·········= 1×1

1+2+1······= 2×2

1+2+3+2+1···= 3×3

1+2+3+4+3+2+1 · =4×4

1+2+3+4+5+4+3+2+1 ·· = 5×5

1+2+3+4+5+6+5+4+3+2+1 = 6×6

위 대 한
수학자들

헤르만 민코프스키

(Hermann Minkowski, 1864~1909)

독일에서 활동한 리투아니아 출신 수학자. 정수론에 기하학적 방법을 도입하여 새로운 영역을 개척하였다.

쾨니히스베르크대학에서 공부할 무렵부터 힐베르트와 평생에 걸친 친교를 맺기 시작했다. 1895년 쾨니히스베르크대학 교수가 되었고, 1896년 취리히대학, 이어서 1902년 괴팅겐대학으로 옮겼다.

민코프스키의 논문 「시간과 공간」은 아인슈타인의 상대성이론의 공간과 시간 개념을 기하학에서 수학적으로 설명한 것으로 '4차원의 세계'라는 개념을 이끌어 상대성이론 형성에 공이 컸다. 그의 이름은 민코프스키 공간(Minkowski space) 또는 민코프스키 시공간(Minkowski spacetime)이라는 아인슈타인의 특수상대성이론을 잘 기술하는 수학적 공간에 나타난다. 이 공간에서는 일반적인 3차원 공간과 1차원의 시간이 서로 조합되어 시공간의 4차원 다양체를 표현한다. 주요 저서로 『수의 기하학』(1896), 『디오판토스 근사론(近似論)』(1907), 『공간과 시간』(1909) 등이 있다.

제19장 미와 조화의 법칙인 '대칭'

수학은 사랑과 같아서 단순한 아이디어가 곧잘 복잡해진다.
– 아인슈타인

대칭은 아름답다. 우리가 사는 세상에 대칭은 널려 있다. 우리는 날마다 대하는 물건들, 건물들, 바닥, 타일, 자동차 휠 등에서 수많은 대칭을 본다. 대칭은 여러 나라의 민속 예술품에도 살아 숨쉬고 있다. 각 나라의 궁전들, 아메리카 인디언의 수공 직조품, 다양한 형태의 현대 미술품 등 여러 형태로 여러 문화에 대칭은 산재해 있다. 그뿐만 아니라 대칭성은 은하계와 같은 거대하고 원대하게 먼 거리에도 나타나 있을 뿐만 아니라, 나비의 날개나 현미경으로 볼 수 있는 수정의 결정체에도 나타난다.

'이슬람 건축의 최고 걸작'으로 꼽히는 알함브라 궁전은 스페인의 이슬람 왕조인 나스르왕조 때 건설됐다. 우상숭배를 금지한 이슬람 교리에 따라 갖가지 기하학적인 디자인으로 궁전의 벽과 바닥과 기둥이 빈틈없이 장식되어 있는데, 그곳에 쓰여진 기하학적이면서도 추상적인 대칭의 세계는 가히 완벽하다고 할 수 있다. 인간의 머리와 손이 이렇게 다양한 대칭적인 기하학적 무늬를 창조할 수 있다는 놀라움에 보는 이의 입을 다물지 못하게 한다.

대칭성이란 무엇인가? 대칭성이란 몇 개의 부분들이 합쳐져서 조화롭게 단일을 이루는 성질로서 자연현상을 수학적으로 설명하는 핵심적인 요소 중의 하나이다. 자연뿐만 아니라 아름다운 형태에는 대칭성이 어김없이 들어 있는 경우가 많다. 대칭성은 자연과학의 오랜 연구 주제 중 하나였다. 이러한 대칭성을 규정짓는 세 가지 요소는 반사성, 회전성, 이동성이다.

반사적 대칭성은 양쪽이 똑같이 접혀지는 것으로 대표적인 형태가 눈이나 수정의 결정체에 나타난다. 이 세상에는 똑같은 형태의 눈 결정

다양한 눈 결정체의 대칭성

오리엔탈 카펫의 대칭성

악보에 나타난 대칭성

체가 하나도 없는데, 그것들 모두는 대칭성을 갖는다. 반사적 대칭성은 거울에 맞대어 놓은 것과 같은 형태로서 거울 대칭이라고도 한다. 눈의 결정체나 나비처럼 좌우의 모양이 똑같아 보이는 선이 하나, 또는 여러 개 있는 형태가 반사적 대칭성을 갖는다. '슬라이드'라고도 불리는 이동적 대칭성은 같은 패턴이 반복되는 벽지 · 타일 · 보도 블록 등의 무늬

건축물에 나타난 대칭성: 피사의 탑(좌)
12세기 페르시아 접시 문양의 대칭성(우)

에서 보인다. 회전적 대칭성은 가운데를 기본 축으로 모양이 각도에 따라 변화되는 것으로 벽지나 카펫뿐만 아니라 그릇이나 장식품의 패턴으로 많이 이용된다.

대칭성은 아름다움을 판단하는 기준이다. 고대나 현대의 아름다운 예술품에는 반드시 대칭과 조화가 기본을 이룬다. 이는 대칭성이 주는 아름다움과 완벽함이 인류에게 예로부터 친근하게 다가왔기 때문이다. 생활 소품에서부터 가구에 이르기까지, 뿐만 아니라 악보나 미술 작품에도 대칭성이 많이 사용되고 있음은 주지의 사실이다.

나비의 대칭성 – 거울 대칭

벽지 무늬에 나타난 대칭성

그리스인의 대칭 문양. 특히 그리스인들은 자와 컴퍼스만으로 그린 도형을 신성시했다.

대칭은 곤충과 식물들에도 존재하는데 벌이 그 대표적이다. 벌은 시야가 좋지 않아 사물과의 충돌을 통해서 거리를 판단한다. 하지만 벌은 대칭 구조를 강하게 인지할 수 있는 능력 덕분에 대칭 구조를 가진 식물들의 꿀을 빨아 먹을 수 있는 것이다. 식물 역시 수분(受粉)을 통해 유전형질을 전달해야 하기 때문에 더 많은 벌을 유인하기 위해 완벽한 대칭 구조를 획득하고자 노력한다고 알려져 있다.

대칭성은 이렇게 구체적인 형태를 띤 것뿐만 아니라, 철학적인 측면에도 존재한다. 양(陽)이 있으면 음(陰)이 있고, 흥(興)이 있으면 망(亡)이 있고, 부(富)가 있으면 빈(貧)이 있고, 강(强)이 있으면 약(弱)이 있으며, 미(美)가 있으면 추(醜)가 있고, 기쁨이 있으면 슬픔이 있고, 오름이 있으면 내림이 있는 등 인간이 사는 현실에도 참으로 많은 대칭이 존재한다. 우리가 배운 수직선에도 양수가 있으면 음수가 있고, 그 사이에 영이 있다. 벡터에도 양과 음이 있고, 적분이 있으면 미분이 있다.

대칭성을 곳곳에서 찾는 일은 수학의 한 분야이다. 인간은 창조주가 만들어 놓은 이 세상의 대칭의 법칙을 끊임없이 찾아갈 것이고, 그를 이해해 나가는 과정을 통해 우리의 삶은 더욱 행복해질 것이다.

위 대 한 수학자들

게오르그 프리드리히 베른하르트 리만

(Georg F. Bernhard Riemann, 1826~1866)

독일의 수학자로서 리만기하학의 창시자. 가우스의 제자로서 「기하학의 기초에 대해서(On the foundations of geometry)」라는 리만 가설을 논함. 리만은 독일 하노버 작은 마을에서 루터파 목사의 2남 4녀 중 둘째아들로 태어났다. 그는 수줍음이 많았고 몸이 허약했다.

겨우 16세에 아드리앵 마리 르장드르(Adrien Marie Le Gendre)의 900쪽에 달하는 『정수론』을 단 6일만에 독파할 정도로 수학을 좋아했다. 처음에는 신학을 공부했으나 후에 아버지를 설득하여 수학자의 길을 걷게 된다. 당대의 유명한 수학자인 가우스, 야코비, 페터 디리클레(Peter Dirichlet), 야코브 슈타이너(Jakob Steiner)에게서 많은 영향을 받았다.

해석학, 미분기하학에 혁신적인 업적을 남겼으며, 리만기하학은 일반상대성이론의 기술에 사용되고 있다. 그의 이름은 리만 적분, 코시-리만 방정식, 리만 제타 함수, 리만 다양체 등의 수학 용어에 남아 있다.

제20장 혼돈 속의 수학

내가 푼 문제마다 이후 다른 문제를 푸는 데 도움이 되는 규칙이 되었다.
– 데카르트

자연계에 나타나는 여러 가지 현상 중에는 예측하기 쉬운 것과 어려운 것이 있다. 물체에 힘을 가했을 때 일어나는 뉴턴의 운동 법칙이나 만유인력에 따르는 지구와 달의 공전 운동, 또는 시계추의 진자 운동 등은 수학 방정식으로 쉽게 유도해 낼 수 있고 이에 따라 정확히 미래를 예측할 수 있다. 반면에 기상 변화를 일으키는 대기 운동이나 동남아를 휩쓸어 버린 쓰나미 현상, 시세 변동에 따른 주가 예측, 인간 심리의 변동을 나타나는 선거에서의 바람 등은 예측하기 어렵다.

그러나 예측하기 힘든 자연현상도 그 내부를 잘 살펴보면 불규칙한 혼돈 속에 커다란 틀과 비선형적인 법칙이 존재한다. 이것을 찾는 데에는 고도의 수학이 필요하며, 그 결과를 이용하면 어느 정도 예측이 가능하다. 비선형 수학에 근거를 두고 있는 카오스이론은 그간 수학이 일궈내고 파생시킨 많은 학문과 이론 중의 하나이다.

'나비효과'란 나비의 날갯짓에 의한 대기의 작은 변화가 시간이 흐름에 따라 증폭되어 토네이도같이 극적인 결과를 야기할 수 있음을 의미한다.

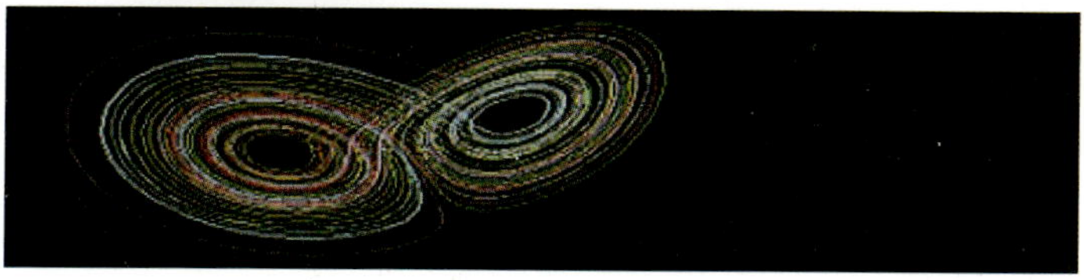

로렌츠 끌개. 혼돈 운동은 비주기적인 복잡한 운동으로 미세한 초기 조건이 엄청난 결과를 초래할 수도 있음을 보여준다. 혼돈 이론은 이렇듯이 비규칙적이고 예측하기 어렵게 보이는 혼돈 운동 속에 들어 있는 질서를 찾는 것이다.

카오스이론, 비선형 수학이 근거

17세기 말 뉴턴은 그 유명한 운동법칙을 발표함으로써 "물체의 운동은 물체에 가해진 힘에 의해 생긴다"는 것을 보여 주었다. 태양과 지구, 지구와 달 사이에 만유인력이 작용하기 때문에 현재 우리가 아는 것과 같은 공전 운동이 생겨났다. 이러한 운동들은 매우 규칙적이어서 뉴턴의 만유인력 법칙만 알면 수천 년 후에 일어날 일식이나 월식 등도 매우 정확하게 예측할 수 있다. 태양계 내 행성의 공전 운동 이외에도 자연계에 존재하는 규칙 운동의 예는 무수히 많다. 줄에 매달린 추를 당겼다가 놓으면 추는 주기적인 진동을 보인다. 또 스프링에 매달린 물체를 당겼다가 놓으면 이 역시 주기적인 진동을 한다. 이러한 진동 운동

프랙탈이란 작은 구조가 전체 구조와 유사한 형태로 끝없이 순환되는 구조로서 부분과 전체가 똑같은 모양을 하고 있으며, 단순한 구조가 끊임없이 반복되면서 복잡하고 묘한 전체 구조를 만든다. 프랙탈은 겉으로는 불규칙해 보이지만 자세히 관찰해 보면 어떤 규칙성을 찾을 수 있다는 점에서 카오스이론이다. 프랙탈은 혼돈계의 불규칙성과 비예측성을 기술하고 분석할 수 있는 새로운 기하학으로 볼 수 있다.

들은 주위에서 쉽게 볼 수 있는 규칙 운동의 예이다.

카오스이론은 18세기 말 프랑스의 수학자 푸앵카레의 아이디어에서 출발했다. 그는 수학을 응용한 대기방정식으로 기상 현상을 설명하려 했다. 특히 일기는 변수에 대단히 민감하기 때문에 작은 초기값의 차이가 맑은 날씨와 소나기의 결과를 낳을 수 있다는 것이 학계의 정설이다. 카오스이론은 개별 종목의 낙차가 큰 주식 시장에도 적용된다. 이 이론은 80년대 이래 꾸준히 경제학자들의 관심을 끌어 실제로 단기 주가 예측에 사용돼 왔다. 이러한 주식 장세의 변화나 해안선 등 불규칙한 모양을 표현해 내는 수단으로 프랑스인 브누아 망델브로(Benoît B.

Mandelbrot)의 프랙탈 이론이 나오기도 했다.

1887년 스웨덴의 국왕 오스카 2세는 "태양계는 과연 안정된 상태인가?"라는 천문학의 오랜 궁금증을 해결하는 사람에게 상금을 주겠다고 발표했다. 그것은 태양과 9개의 행성, 그리고 소행성과 수많은 위성들이 안정된 궤도를 계속 돌 것인가, 아니면 어느 행성이 궤도를 이탈해 태양과 정면 충돌할 것인가 하는 문제였다.

뉴턴역학에서 지구의 공전주기는 태양과 지구만을 고려한 결과이다. 푸앵카레는 두 물체만을 고려해서는 안 된다고 생각했다. 그러나 지구와 달의 관계에서 태양을 고려할 때 삼체문제는 뉴턴의 방정식으로 풀리지 않는다. 푸앵카레는 태양계는 본질적으로 다체문제이기 때문에 비선형 방정식으로 풀 수밖에 없다고 결론짓고 새로운 방정식을 구성하였다. 어떤 경우 매우 작은 변화가 행성을 큰 폭으로 움직이게 하고 충분한 시간이 지나면 궤도를 이탈할지 모른다는 결론이 나왔다. 그는 혼돈의 예측 불허성의 원인이 되는 '결정론적 계에서의 초기 조건에의 민감성'을 최초로 알아냈다.

카오스이론의 대표적 예가 나비효과이다. 나비효과는 일본 도쿄에서의 나비의 날갯짓 같은 작은 변화가 대기에 영향을 주고 또 이 영향이 시간이 지날수록 증폭되어 오랜 시간이 흐른 후 미국 샌프란시스코를 강타하는 해일과 같은 엄청난 결과를 가져온다는 것을 말한다. 이것은 만약 나비가 가만히 꽃에 앉아 있었다면 해일이 샌프란시스코를 덮치는 일은 일어나지 않았을 것이라는 것을 의미하기도 한다.

이처럼 카오스는 불규칙하게 변화할 뿐만 아니라 나비효과와 같이 엄청난 결과를 가져오기 때문에 카오스를 장기적으로 예측하기는 불가능하다. 카오스의 변덕스런 성질과 카오스 속에 숨겨진 나비효과 때문에

한 달 후, 또는 일 년 후의 일기예보는 불가능하다. 장기 예보에 관한 한 최첨단의 현대 과학을 동원한 예보나 관절염에 걸린 노인들의 예측이 정확성에서 별 차이가 없다고 해도 지나치지 않다. 단지 하루나 1주 후와 같은 단기 예보에서는 현대 과학이 성공을 거두고 있다.

프랙탈로 자연재해 예측

그럼 어떤 것들이 카오스, 또는 나비효과를 보여주는가? 카오스의 예에는 여러 가지가 있다. 자연현상에서는 기상 변화나 물체의 운동, 경제 현상에서는 주식 가격을 대표적인 예로 들 수 있다. 주식 가격의 예측이 어려운 것은 카오스적이기 때문이다. 이 세상에는 나비효과가 나타나지 않는 비카오스적인 것도 많다. 예를 들어 잘 알려진 시계추의 운동을 생각해 보자. 시계추의 주기적인 반복 운동은 정확한 예측이 가능하기 때문에 비카오스적이다.

시계추에 아주 작은 충격을 가한다고 하더라도 시계추의 운동이 크게 달라지지 않는다. 즉 나비효과처럼 작은 변화가 큰 차이를 가져오지 않는다. 우리 태양계도 비카오스적인데 만약 카오스적이었다면 매일 지

프랙탈 형성 과정

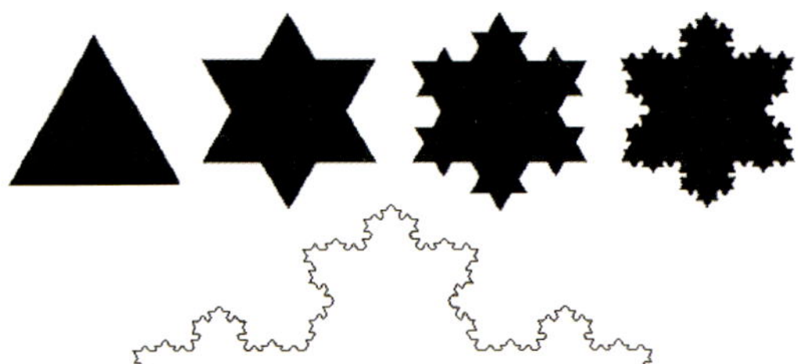

구에 떨어지는 수많은 별똥별 때문에 일찌감치 지구는 궤도에서 벗어나 우주 공간을 헤매고 있을지도 모른다.

카오스적인 현상은 수학적으로는 비선형적이기 때문에 어렵다. 1970년대 초 나타난 금융 파생 상품은 고도의 수학 이론이 도입되면서 거래가 폭발적으로 증가했다. 미국의 두 수학자가 개발한 '블랙-숄스 공식'은 파생 상품의 투자가치 계산 시간을 1/100로 단축시켰다. 불확실성을 실제에 응용하려는 퍼지이론은 이미 공학으로 발전한 사례로서 수학적으로 추론 결과가 올바른 사실을 정도의 문제로 나타낸 이론이다.

이제 수학의 응용 분야는 전방위적이다. 1994년 LA폭동 사태 때는 UCLA의 한 수학 교수가 흑인을 폭행한 백인 트럭 운전사를 잡아내는 데 일조를 했다. 폭행 장면을 담은 비디오에서 범인 팔뚝에 검은 점으로 나타난 부분을 수학적으로 분리 추출, 장미꽃 문신이란 사실을 밝혀내 범인을 잡은 것이다. 군사 및 외교상의 목적으로 사용돼 왔던 암호는 인터넷을 통한 전자 상거래가 활성화되면서 그 용도가 끊임없이 확산되고 있다.

프랙탈은 1970년대 말부터 물리학 · 지리학 · 건축 · 미술 · 철학 등의 분야에서 주목을 받았다. 망델브로는 프랙탈에 대해 많은 연구를 처음 시작한 사람으로 자신이 생각한 형상, 차원 및 기하학에 대한 이름을 생각하고, 라틴어의 '부서지다'라는 뜻의 동사 'frangere'에서 파생한 형용사 'fractus'를 찾았다. fractus란 '온전한 것이 아닌', '어중간한'이란 뜻이다. 어원이 같은 영어 단어 'fracture'와 'fraction'의 어감도 적절하다고 생각해 이로부터 망델브로는 영어이면서 불어이고, 명사이자 형용사인 'fractal'을 만들었다.

자연과학의 목적은 자연의 모든 현상을 자연법칙으로 환원시켜 설명

망델브로 소나무
프랙탈은 철저히 '조각난' 도형을 뜻한다. '프랙탈'이라는 말은 브누아 망델브로가 만들었는데, '조각난'이란 뜻의 라틴어 형용사 'fractus'에서 왔다.

하는 데 있다. 여기서 유일한 전제는 완전한 인과관계의 성립이다. 한 원인은 반드시 한 결과에 앞서야 한다. 자연의 다양성이 몇몇의 규칙으로 환원되는 것은 관찰된 결과에 대한 원인 규명이 이루어짐을 의미한다. 동일한 원인은 동일한 결과를 낳는다는 것이 지금까지 자연 해석의 근간이었다.

반면에 전자기학의 아버지인 제임스 클러크 맥스웰(James Clerk Maxwell)은 이미 나름의 독특한 자연 해석을 제시하였다. 맥스웰은 "동일한 원인이 동일한 결과를 낳는다는 것은 형이상학적 독단이다. 어느 누구도 그렇게 확신할 수 없다. 동일한 원인이 두 번 다시 나타나지 않으며, 결코 반복되지 않는 세계에서는 위의 생각이 적용될 수 없다"라며 동일한 원인이 동일한 결과를 낳는다는 좁은 의미의 결정론 대신에 유사한 원인이 유사한 결과를 갖는다는 넓은 의미의 결정론을 이야기 했다. 현대 과학의 발전 속도로 보아 예측과 정확성을 높일 수 있는 충분한 자료만 축적된다면 기상이나 지진에 대해서도 언젠가는 정확히 예측할 수 있을 것이다.

위대한 수학자들

카를 구스타프 야콥 야코비
(Karl Gustav Jakob Jacobi, 1804~1851)

독일의 수학자. 타원함수의 이론을 확립하였다. 포츠담에서 출생한 야코비는 16세 때 베를린대학에 입학하여 1825년에 학위를 취득했다. 이어서 베를린대학 강사가 되어 곡면론과 공간곡선론을 강의했다.

야코비는 가장 위대한 수학자요 당대 최고의 수학 교수였다. 그의 최고의 연구 업적은 타원함수에 관한 것들이다. 그는 아벨과 동시에 그러나 독립적으로 함수 이론을 확립하였고, 행렬식 이론에 가장 풍성한 기여를 하였다. 행렬식이란 말을 궁극적으로 받아들인 사람이 야코비이다. 그는 야코비안이라 일컫는 함수 행렬식, 정수론, 상미분 방정식, 편미분 방정식, 진폭 계산, 삼면체문제, 기타 역학 문제에도 기여하였다.

제21장 자연 속의 수학 법칙

수학적 지식이 없이는 이 세상의 물건들이 만들어지지 못했을 것이다.
– 베이컨

평화는 강한 자가 선(善)할 때, 그리고 선(善)한 자가 강할 때만 가능하다. 평화를 해치는 전쟁, 국제적인 테러, 혹은 금융위기는 무기를 가진 강한 자들에게 과도한 재량권이 주어졌을 때 발생했다. 언뜻 보기에 자연은 무질서하고 불규칙해 보이지만 놀랄 만큼 정교한 법칙과 질서를 유지하며 변화한다. 뉴턴조차 "자연은 일정한 법칙에 따라 운동하는 복잡하고 거대한 기계"라고 했을 정도다. 방만한 확장과 무리한 투자로 촉발된 세계 경제위기와 관련하여 자연의 법칙 몇 가지를 되짚어 봄으로써 자연을 경외하는 삶을 권하고자 한다.

우선, 자연에는 최소 작용 원리가 있다. 최소 에너지로 최단 시간에 최단 거리를 가려 한다는 뜻이다. 돌을 허공에 던질 때 포물선을 그리며 떨어지는 것, 지구가 원을 그리며 태양 주위를 도는 것이 그런 원리다. 경제도 최소 작용 원리에 따라 리스크를 최소화하면서 최소 자본으

해바라기씨의 배열은 피보나치수열의 정확한 나선 구조를 가짐으로써 최소 공간에 최대의 효율성을 갖는 구조로 되어 있다. 자연의 정교한 규칙과 법칙을 보여 주는 하나의 보기이다.

백색 카라 1엽

유포르비아 2엽

접시꽃 5엽

기생초 8엽

시네라리아 13엽

루드베키아 21엽

피보나치수열의 보기. 주변의 꽃잎을 세어 보면 거의 모든 꽃잎이 1장, 2장, 3장, 5장, 8장, 13장, 21장, 34장, 55장, 89장 등으로 되어 있다.
제한된 공간에 최적의 씨앗을 빈틈없이 고르게 배치하려는 꽃들과 열매의 의지와 약속들이 수학적 해법으로 피보나치수열을 선택하는 것이다.

로 이윤을 극대화하려 한다. 곳곳에 투입되고 있는 공적 자금에도 최소 금액으로 단기간에 최대 효과를 낼 수 있는 최소 작용 원리가 적용되어야 한다.

자연에는 황금 비율이 있다. 이는 1 : 1.618, 간단히 5 : 8, 혹은 61.8%의 비율이다. 플라톤은 황금 비율을 "삼라만상을 지배하는 힘의 비밀을 푸는 열쇠"라고 말했다. 인간이 정서적으로 가장 안정되고 아름다움을 느끼는 황금 비율은 고대로부터 건축 · 회화 · 생활용품 등에 자주 응용

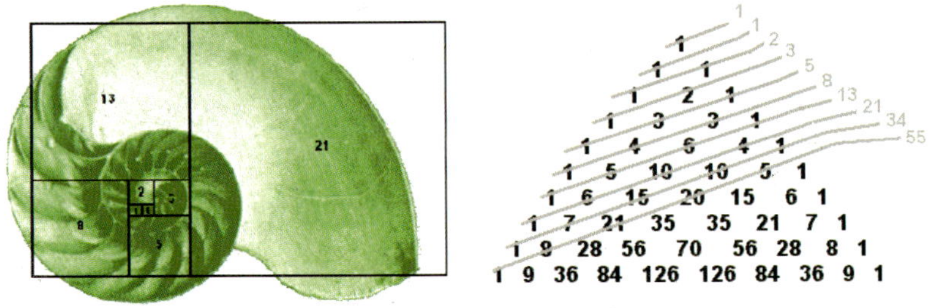

나선조개 모형은 피보나치 수열을 잘 나타내고 있는 자연의 신비를 담고 있다. 피보나치수열은 1, 1, 2, 3, 5, 8, 13, 21, 34, 55 …… 처럼 앞자리 두수의 합으로 뒷자리 수가 만들어지는 수열이다.

되었다. 십자가와 피라미드 · 신용카드 등이 그 대표적인 예이다. 황금 비율의 나선 구조는 대자연 곳곳에도 산재해 있는데 인간은 오랜 동안 황금 비율에 의거해 자연에 순응하며 살아왔다.

자연에는 또한 대칭성과 순환성이 있다. 음양 · 암수 · 좌우뿐만 아니라 빈부 · 명암 · 선악과 같은 대칭성에서 양쪽이 균형을 이룰 때는 조화와 평화가 유지되지만 대칭점의 균형이 깨질 때 생태계나 사회에 불안과 소요가 생긴다. 자연의 순환성에는 또 낮과 밤, 식물의 피고 짐, 밀물과 썰물, 탄생과 죽음과 같은 것이 있다. 막힌 부분이 있을 경우 터지게 되므로 억제되는 부분이 없이 자유롭게 순환되어야 한다. 대칭성과 순환성은 자연 질서의 본질이며 경제와 경영의 핵심이기도 하다.

마지막으로, 자연에는 적자생존의 가혹한 법칙이 존재한다. 모든 자연은 먹고 먹히는 관계로 얽혀 있는데 이는 피할 수 없는 자연의 질서다.

앞에서 본 최소 작용 원리, 황금 비율, 대칭성과 순환성, 그리고 적자생존 원리는 자연의 거시적 원리다. 인간 사회는 생태계와 달리 법칙과 질서를 관리하는 전문가 집단의 지적(知的) 통제가 있어야 한다는 점이

다르다. 우리는 선진화, 세계화, 개방화의 물결 속에서 적자생존의 원칙이 철저히 적용되는 무한경쟁 시대에 살고 있다. 생존하기 위해서는 끊임없는 쇄신과 혁신이 요구된다.

인간도 자연이라는 유기체의 일부인 만큼 자연이 우리에게 보여주는 법칙과 원리에 따라 순응하는 방향으로 나간다면 우리는 오늘의 어려움을 헤쳐 갈 현명하고 선(善)한 방도를 터득할 수 있을 것이다. 자연은 결코 인간을 속이지 않는다. 자연법칙에 대한 인간의 무지와 무시가 재앙을 초래하는 것이다.

위대한 수학자들

아서 케일리(Arthur Cayley, 1821~1895)

영국의 수학자. 행렬에 관한 이론, 케일리-해밀턴 정리가 유명하다. 리치몬드의 부유한 상인의 아들이었던 케일리는 어려서부터 복잡한 계산을 놀이로 할 만큼 수학에 흥미가 있었다. 케임브리지대학을 졸업한 후 미국 존스홉킨스대학의 교수인 실베스터의 초청으로 미국으로 건너가 아벨 함수론을 강의한 적이 있다.
가장 중요한 업적으로 n차원 기하학, 비유클리드기하학, 행렬에 관한 연구 등을 꼽는다. 그가 연구한 행렬에 관한 이론은 새로운 물리학 이론인 양자역학 이론에 결정적인 도구로 쓰였다.

3부

문명 속의 수학

I Love science
science
I Love

제22장 천재 수학자들의 삶, 그리고 사랑

수가 아름답지 않다면 도대체 무엇이 아름다운가?
– 폴 에르되스

천재 수학자들은 곧잘 기이한 행동을 하는 사람들로 묘사되곤 한다. 수학이라는 관념적 세계에 몰입해 있기 때문에 비현실적이기 일쑤이고 형이상학적 세계에서 연구 활동을 하기 때문에 보통 사람들과 달리 말과 행동이 어눌하다. 역사적으로 회자되는 천재 수학자들의 사랑 이야기를 몇 가지 적어 본다.

존 내쉬

몇해 전에 존 내쉬(John Nash)의 삶을 그린 「뷰티플 마인드」라는 영화가 상영되었다. 존 내쉬는 '내쉬균형이론'이라는 수학적 게임 이론이 경제학에 끼친 공로를 인정받아 노벨 경제학상을 수상한 프린스턴대학교 수학 교수이다. 수학 연구에 집중하면서 정신분열증세로 고생을 한 그가 노벨상을 받기까지에는 아내의 헌신적인 사랑이 있었음을 노벨상 수상 연설에서 고백하였다.

> 전 언제나 수를 믿어 왔습니다. 추론을 이끌어 내는 방정식과 논리를 말이죠. 하지만 평생 그걸 연구했지만 저는 묻습니다. 무엇이 진정한 논리입니까? 누가 이성을 결정하는 것이죠?
>
> 저는 그동안 물질적인 세계와 형이상학적 세계와 비현실 세계에 빠져 있다가 이렇게 돌아왔습니다. 전 소중한 것을 발견했습니다. 그건 제 인생에서 가장 소중한 발견입니다. 어떤 논리나 이성도 풀 수 없는 사랑의 신비한 방정식을 말입니다. 난 당신 덕분에 여기까지 왔습니다. 당신은 내가 존재하는 이유이며 내 모든 존재의 이유입니다.

"당신은 내가 존재하는 이유이며 내 모든 존재의 이유입니다(You are the reasons I am. You are my reasons.)"라는 천재 수학자의 사랑 고백이 감동으로 길게 여운이 남는다.

수학 연구에 방해가 된다면서 83년의 생애를 애인도, 아내도, 자식도 없이 독신으로 오로지 수학 연구에만 몰두한 천재 수학자가 있다. 헝가리 출신의 유태인 수학자인 폴 에르되스(Paul Erdös)가 바로 그다. 그는 하루 19시간씩 수학 문제를 풀었고, 평생 1,475편의 수학 논문을 썼다. 수학사 사상 에르되스보다 논문을 많이 쓴 사람은 18세기 스위스 수학자 오일러 정도가 꼽힐 뿐이다. 그는 늘

폴 에르되스

"무덤에 들어가면 휴식할 시간이 많을 거야"라고 중얼거렸다고 한다. 에르되스는 구두 끈도 혼자 묶지 못했고, 자동차 운전을 하지 못해 늘 누군가 차를 태워 줘야 했으며, 버스를 타는 것도 겁내 했을 정도로 현실 생활에 밝지 못했다.

에바리스트 갈루아(Évariste Galois, 1811~1832)는 21세의 나이에 요절한 천재 수학자로 현대 핵물리학과 양자론의 이론적 토대를 제공한 군 이론을 처음으로 고안하였으며, 이를 방정식 해법에 적용한 '갈루아 이론'으로 유명하다. 수학 이외 분야에는 관심이 없었던 갈루아였지만, 정치적인 문제에 휘말려 학교에서 퇴학을 당하고 감옥살이를 했다. 수감 생활 중 콜레라 치료를 위해 파견나온 의사의 딸인 스테파니 뒤모텔이란 아름다운 여성을 사랑하게 되지만, 그녀를 사랑한 또 다른 남자(두 사람이 친구 관계였다는 설이 있다)와의 삼각관계로 질투심에 휩싸여 결투를 벌이게 된다. 두 사람은 두 자루의 권총 가운데 하나에만 총알을 장전하기로 했는데, 갈루아가 총알이 없는 총을 선택한 것은 운명이었다. 갈루아는 상대방이 쏜 총에 맞아 병원으로 옮겨졌으나 죽고 말았다. 그 때 나이 21세였다.

결투 전날 밤 갈루아는 완벽한 무아지경의 수학 세계에 몰두한다. 죽음을 예감한 그는 밤새 머릿속에 착상한 커다란 수학적 문제들을 쓰고 또 썼다. 마지막으로 그가 휘갈겨 쓴 글은 "나는 시간이 없다"였다. 만약 갈루아가 21세로 결투에서 죽지 않았다면 오늘날 학생들이 배워야 할 수학의 양은 적어도 두 배는 늘어났을 것이라고 농담하는 수학자들이 있을 정도다.

오일러는 '해석학의 화신'으로 불리는 최고의 수학자로 뉴턴과 라이프니츠가 발명한 미적분을 고도로 발전시켰고, 그것을 역학에 응용하는

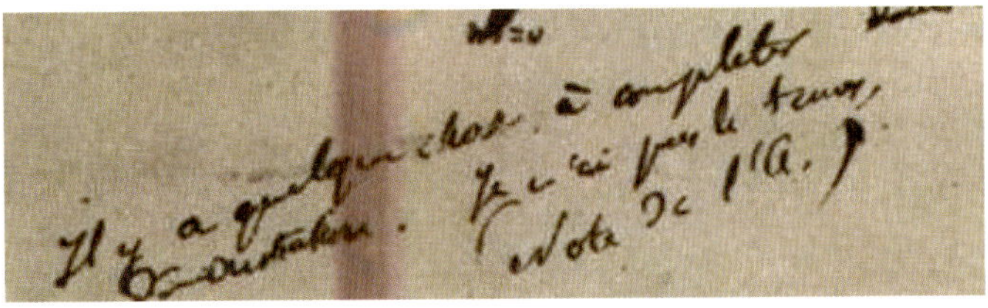

결투에 앞서 나는 시간이 없다(I have not enough time)라고 휘갈겨 쓴 노트

데 크게 공헌했으며 정수론을 하나의 분야로 정립시켰다. 생애 마지막 17년간은 맹인으로 지내면서도 끊임없이 연구를 계속하여 오일러 공식, 오일러 정리, 오일러 다항식, 오일러 상수 등 정열적으로 수학적 성과를 쏟아냈던 그야말로 천재 수학자 중의 천재였다.

과학자가 신앙을 갖기 힘들다고 하지만 오일러는 신앙심이 매우 돈독하여 우주의 모든 현상과 과학적 사실들을 거룩한 신의 뜻으로 받아들였고, 수학은 신의 영광을 드러내는 신성한 도구라고 믿었다. 오일러는 신비하고 광활한 우주의 존재를 알면 알수록 신의 존재가 더욱 확연히 증명된다고 믿었다. 오일러의 삶은 신에 대한 사랑을 수학적으로 증명하는 과정이었다 해도 과언이 아닐 정도로 신앙심이 깊었다.

소피아 코발레프스카야는 1850년 러시아의 귀족 가문에서 태어났으며 여성이라는 편견을 이겨내고 자신의 수학적 재능을 빛낸 여성 수학자로 알려져 있다. 여성이라는 이유로 러시아에서 대학교 진학이 금지되자 코발레프스카야는 고생물 학자와 결혼을 해서 독일로 유학을 가서 수학 공부를 한 후 여성으로서는 최초로 대학 교수가 된다.

여성 수학자로서 역사에 우뚝 선 사람은 남성에 비해 수적으로 그리 많지 않다. 그러나 천재 수학자의 삶과 사랑에서 빼놓을 수 없는 여성 수학자가 소피아 코발레프스카야(Sofya Kowalewskaya)이다.

소피아는 18세 때 벨로루시 귀족 출신의 블라디미르 코발레프스키와 위장 결혼을 한 후 하이델베르크로 유학을 갔다. 하이델베르크에서 코발레프스카야는 쾨니히스베르거와 레이몽드의 수학 강좌와 물리학 강좌를 수강했다.

그녀는 바이어슈트라스가 총애하는 학생이 되었고 4년 동안 그의 밑에서 대학 과정의 수학 공부를 끝냈을 뿐만 아니라 세 편의 귀중한 논문을 썼다. 한 편은 편미분 방정식의 이론에 관한 것이고, 다른 한 편은 제3종의 아벨 적분의 축약에 관한 것이며, 마지막 한 편은 목성의 고리의 형태에 관한 라플리스의 연구를 보완하는 것이었다. 1874년 코발레프스카야는 괴팅겐대학교에서 박사학위를 받았는데 편미분 방정식에 관한 박사학위 논문이 매우 우수해서 구두시험을 면제받았다. 그 후 1884년 스톡홀름대학의 교수로 초청을 받아 갔으며, 그곳에서는 1888년 38세의 나이로 「고정점을 중심으로 한 고체의 회전 문제에 관하여」라는 논문으로 프랑스학술원으로부터 보르댕상을 수상하는 영광을 안았다. 어려움을 딛고 수학사에 이름을 남긴 그녀의 좌우명은 "아는 것을 말하라. 반드시 해야 하는 것을 행하라. 가능성 있는 것을 성취하라"였다.

수학사에 크게 오르내리는 천재 수학자들은 모두 진리 추구에서는 불굴의 의지를 가진 사람들이지만 우매할 정도로 현실과 타협하지 않고 계산하지 못하는 극히 비수학적인 삶을 살다 갔다고 할 수 있다. 그렇다면 생활에 있어서 수학적이라는 것은 무엇일까. 그것은 계산이 약삭빠른 것을 의미하는 것이 아니라 신의 섭리에 따라 올바른 길을 추구하며 자연스러운 삶을 사는 것이다. 어떻게 보면 아주 평범한 이야기인 이러한 삶의 모습이 천재 수학자들에게서 발견된다. 이들의 삶은 우리에게 경이로움을 불러일으키기에 충분하다.

위 대 한
수학자들

율리우스 빌헬름 리하르트 데데킨트
(Julius Wilhelm Richard Dedekind, 1831~1916)

독일의 수학자로서 대수적 수론의 개척자이다. 법률가의 아들로 태어난 데데킨트는 카롤린대학 시절 미적분학 · 대수학 · 해석기하학을 공부한 덕분에 괴팅켄대학에서 가우스에게 고등수학을 배울 자격을 얻었다.

그는 '데데킨트 집단'이라는 개념에 의하여 무리수론과 자연수론을 전개하고 연속성을 밝혀 수학 해석의 기초를 이룩하였다. 또한 이데알(ideal)이라는 집합의 소분해의 연구로 대수적 수에 관한 이론의 발전에 도움을 주었다. 1858년 취리히공과대학의 교수가 되어 5년 동안 재직한 후 1862년 브라운슈바이크 고등기술학교로 자리를 옮긴 그는 평생을 외롭게 살았다.

데데킨트는 살아 있을 때는 충분히 인정받지 못했지만, 그의 무한의 개념과 실수(實數)의 구조에 관한 개념 연구는 지금도 현대 수학에 영향을 미치고 있다.

제23장 예술 작품 속의 기하학

과학에서는 증명할 수 있는 것을 증명 없이 믿어서는 안 된다.
– 데데킨트

우리는 쇼핑을 하고, 좋은 보험 상품을 선택하며, 예산 내에서 집 구조를 변경하며, 인구 증가율을 이해하고, 혹은 경마장에서 가장 우승 확률이 높은 말에 배팅을 할 때 수학의 원칙들을 이용한다. 숫자로 이루어진 이 언어는 날마다의 삶에서 중요한 결정이나 일을 완벽히 할 수 있도록 도와준다. 사람들은 이러한 수학의 원칙들을 수백, 수천 년간 이용해 오고 있다.

수학은 문화 예술 속에도 살아 있다. 예술 작품이란 예술 철학의 변천 및 기술 환경 변화에 대한 예술가 개인의 반응을 가장 공개적으로 드러내는 수단이다. 이러한 문화 예술에도 수학은 중요한 역할을 담당한다. 20세기 초반 새로운 예술 사조들은 수학자의 손으로 만든 새로운 기하학의 개념과 용어를 받아들였다.

유클리드기하학은 직선 밖의 한 점을 지나면서 그 직선과 만나지 않는 직선은 하나밖에 없다는 평행선의 공리에 기초한다. 즉, 평행선은 아무리 연장해도 만나지 않는다고 가정한다. 비유클리드기하학은 평행선의 공리가 깨지는 공간에서의 기하학이며, 삼각형의 모습이 왼쪽 그림과 같다. 에셔는 비유클리드 공간에서 오른쪽과 같은 그림을 그렸다.

기하학을 받아들인 입체파 · 미래파

20세기의 입체파 · 미래파 · 초현실주의는 모두 비유클리드기하학이나 4차원을 비롯한 다차원 공간과 같은 새로운 기하학 개념이 도입된 결과였다. 화가들은 부분이나 단면을 통해 전체 대상을 직관적으로 이해하고자 했다. 따라서 회화가 매개체일 경우 3차원 혹은 4차원에 존재하는 대상을 인식하기 위해서 일련의 단면들이나 여러 관점에서 본 다

20세기 아방가르드 예술 운동 중 입체파와 미래파들은 비유클리드 공간과 4차원에 대해 많은 관심을 보였다. 비유클리드 공간은 휘어진 공간이라고 생각하면 이해하기 쉽다.

양한 이미지들이 필요했다. 이것이 바로 입체파 화가들의 표현 방식이었다. 철학자 칸트가 제시한 대상 인식과 대상 자체 사이의 구분 역시 입체파 화가들의 다면 형식에 동기를 부여했다.

수학이나 공간 영역을 넘어선 다양한 공식이 만들어졌다. 4차원은 예술가들로 하여금 3차원 투사 화법을 벗어나 현실을 탐구하도록 하는 해방의 의미였다. 이런 해방감을 누린 사람들은 입체파뿐만 아니라, 1900년대 초 현대성과 산업주의, 정치색 등을 전시한 이탈리아의 미래파 화가들도 이에 속했다. 움베르토 보치오니(Umberto Bocchioni), 지노 세베리니(Gino Severini), 자코모 발라(Giacomo Balla)와 같은 예술가들은 4차원에서 역동주의를 표현했다.

프랑스의 대중문화에 가장 큰 영향력을 발휘한 수학자는 앙리 푸앵카레였으며, 입체파의 토대를 닦은 인물은 파블로 피카소(Pablo Ruiz Picasso)와 조르주 브라크(Georges Braque)였다. 1907년 피카소의 「아비뇽의 아가씨들」은 최초의 입체파 회화 작품으로 기록되었다. 브라크는 기하학적 표현에 많은 관심을 가졌고 '입체파'라는 명칭을 만들어 냈다.

투시화법과 구도에 대해 보다 전통 기하학적으로 접근하는 부류도 있었다. 1912년 파리에서 '황금분할'이라는 이름의 유명한 전시회가 열렸다. 건축이나 예술에서 종종 발견되는 고전적 분할에 관한 전시회였다. 당시 후안 그리스(Juan Gris)나 자크 비용(Jacques Villon) 같은 예술가들은 순수하게 추상적이고 기하학적인 입체파를 추구하였다.

비유클리드기하학이 20세기 초반 예술에 미친 영향은 4차원에 비해 더욱 파악하기 어렵다. 문제는 비유클리드 공간을 표현하는 데 따르는 어려움에서 생겨난다. 이탈리아의 수학자인 에우제니오 벨트라미

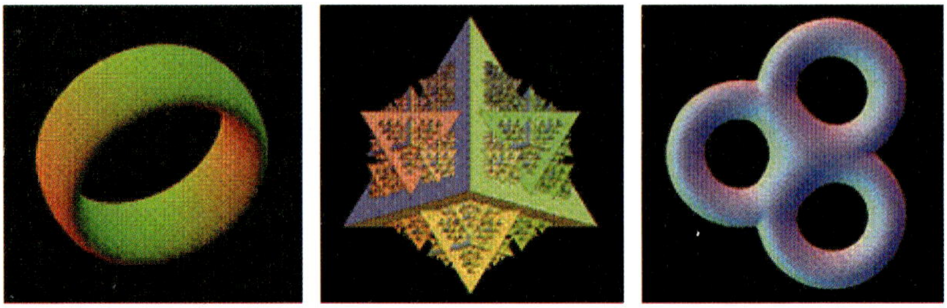

4차원을 표현한 다양한 형태의 예술 작품들

(Eugenio Beltrami)는 로바체프스키 기하학(geometry of Lovachevskii)을 표상하기 위해 '의구'라는 물질 모형을 만들기도 했다. 하지만 비유클리드기하학이란 것이 존재한다는 단순한 지식만으로도 예술가들의 영감에 불을 붙이기는 충분했다. 아마도 그 수학적 연구 성과는 4차원이라는 것이 제공한 예술적 자유보다 훨씬 덜 풍요로웠을 것이다. 예술가들의 수학 및 과학 연구를 독려한 마르셀 뒤샹(Marcel Duchamp) 같은 화가들은 영향력은 컸지만 소수파에 속했다. 그럼에도 비유클리드기하학에 대한 인식은 다다이즘의 시조인 헝가리 시인 트리스탄 차라(Tristan Tzara)나 초현실주의 창시자들에게 영향을 미쳤다.

1936년 화가인 찰스 시라토가 '차원주의 선언(manifeste dimensioniste)'을 들고 나왔다. 이 선언문에서 그는 아인슈타인 이론이 영감의 원천이 되었다면서 "세상에 대한 새로운 인식에 자극받은" 예술이 이제 새로운 차원으로 진화하고 있다고 밝혔다. 회화는 평면을 떠나 공간으로 이동할 것이고, 이로써 공간 구성과 멀티미디어 장치를 선도할 것이라고 했다. 그리고 "조각은 유클리드 3차원이라는 닫혀 있고 움직이지 않는 죽은 공간을 떠나 민코프스키의 4차원 공간을 예술적으로 표현하는 데 나서라"고 촉구했다. 당대를 풍미하는 예술가들이 이 선언문에 서명했다. 이 선언문은 공간과 영혼으로서의 차원 및 시간의 차원이라는 4차원에 대한 두 가지 주류 해석을 모두 받아들였다.

하지만 1930년대가 지나자 초현실주의를 제외하고는 4차원 공간이나 비유클리드기하학에 적극적인 관심을 표명하는 화가들이 거의 없었다. 앙드레 브르통(André Breton)은 새로운 기하학이 자신의 새로운 초현실주의에 이상적으로 들어맞는다는 점을 발견했다. 그의 초현실주의 이론은 프로이트의 무의식 분석에 기반하면서 고차원도 포함하였고, 여기서 4차원의 시공간은 비이성적인, 혹은 잠재의식의 고차원과 결합되었다. 순수하게 수학적이고 미학적인 비유클리드기하학 표현이 현실화되기 위해서는 컴퓨터의 성능이 월등히 향상될 때까지 기다려야 했다.

예술적 · 철학적 운동에 불 붙여

새로운 다차원 기하학과 비유클리드기하학은 추상적인 수학 이론으로 등장했지만 새로운 물리학에 적용되었을 뿐 아니라 기존의 사고방식을 뒤바꾸고자 하는 예술적, 철학적 운동에 불을 붙였다. 예술 세계에서 이러한 표현 방법은 영적인 것으로부터 무정부주의에 이르기까지 다양하게 나타났다. 유클리드기하학이 공간적 패러다임의 자리를 잃었다는 것은 삶과 우주, 그 밖의 모든 것에 대해 새로운 시각이 생겨났음을 의미했다. 기욤 아폴리네르(Guillaume Apollinaire)는 1972년 '현대 회화'에서 기하학과 예술에 대해서 다음과 같은 견해를 피력하였다. "새로운 예술가들은 기하학에 지나치게 매달려 있다는 비판을 받았다. 기하학 도형이야말로 회화의 핵심인데도 말이다. 공간 차원 그리고 관계에 대한 학문인 기하학은 언제나 회화의 규칙을 만들어 왔다. 지금까

미래파 화가인 자코모 발라(Giacomo Balla)의 두 작품
왼쪽: 추상적 속력(Abstract Speed), 1913년 작
오른쪽: 바이올리니트의 손(The Hand of the Violinist), 1912년 작

지 무한을 추구하는 위대한 예술가에게는 유클리드기하학이 제공하는 3차원으로도 충분했었다.

오늘날 과학자들은 더 이상 유클리드의 3차원 안에 머물지 않는다. 화가들도 4차원이라고 하는 개념이 제시하는 공간 측정의 새로운 가능성에 열중하게 된 것이다. 조형 예술의 관점에서 볼 때 4차원은 이미 알려진 3차원에서 나온 것이다. 4차원은 임의의 순간에 사방으로 영원하게 만드는 광대한 공간이다. 이것은 공간 자체이자 무한의 차원이다. 4차원은 대상에게 유연성을 부여한다. 그리고 대상이 전체에 대해 올바른 비율을 갖도록 한다.

위대한 수학자들

루드윅 볼츠만(Ludwig Boltzmann, 1844~1906)

오스트리아 빈 출신의 수학자로 통계역학(統計力學) 건설에 공이 컸다. 빈대학에서 물리학을 공부하고 1868년 그라츠대학 수리물리학 교수가 되었다. 그 후 여러 대학에서 교수로 있다가 1894년 스승인 슈테판의 후임으로 빈대학에서 이론물리학 교수가 되었다.

주된 업적은 자연의 불가역성(不可逆性)에 관한 열이론(熱理論)의 제2법칙이 뉴턴의 역학과 다르다는 것을 이론적으로 증명하고, 엔트로피 개념을 통계역학적으로 정식화한 것이다. 고전역학과 원자론의 입장에서 전개한 열이론으로 기체 분자의 운동에 관한 J. C. 맥스웰의 이론을 발전시켜 열의 평형 상태를 논한 맥스웰 볼츠만 분포를 확립했다. 또 볼츠만 방정식과 열역학 제2법칙의 비가역성을 해명하기도 했다.

제24장 수학과 예술

수학은 사고를 절약하는 과학이다.
– 푸앵카레

예술은 인간의 의사소통 수단 중의 하나이다. 예술의 본질이 무엇인가는 그러나 단순하지 않은 질문으로서 토론의 대상이다. 예를 들어, 자신의 몸을 캔버스로 사용하는 행위 예술가가 처음 자신의 작품을 선보였을 때 사람들은 예술의 본질을 망각한 것이라고 비판했다. 또 어떤 사람들은 지도가 예술품이라고 생각하여 수집을 하는데, 그러나 모든 지도가 예술품이라고는 할 수 없을 것이다. 예술 작품은 예술철학의 변천 및 예술가 개인의 환경에 대한 반응을 공개적으로 드러내고 있다. 예술에는 음악 · 무용 · 회화 · 건

노틸러스 조개. 가로 세로 비율이 1대 1.6180인 '황금직사각형'의 형태를 가지고 있는 노틸러스 조개. 노틸러스 조개에는 황금률의 대수적 나선 모양이 규칙적으로 되풀이된다. 황금비는 자연 속에 내재된 가장 아름다운 비율이라고 할 수 있다.

르네상스시대 화가인 루카 파치올리(가운데 붓을 잡고 있는 사람)가 물이 절반 정도 찬 유리 다면체를 그리고 있는데 책상에는 온갖 종류의 기하학적 도구(컴퍼스 · 석판 · 초크 등)들이 널려 있다. 파치올리가 1509년에 발간한 『황금률(*De Devina Proportione*)』은 기하학과 다면체를 전파하는 데 큰 역할을 했다.

축 · 조각 · 문학 등 여러 분야가 있는데 수학이 이러한 예술의 각 분야에 풍부하게 녹아들어가 있다고 하면 놀랄 것이다. 수학은 예술에서 아주 고유하고도 중요한 역할을 담당하고 있다.

수학과 예술의 연계 중의 하나는 예술가로 알려진 사람들 중에 그들의 예술적 비전을 표현하기 위해 수학적 사고를 하였거나 수학적 이미지를 발전시킨 사람들이 있다는 것이다. 대표적인 예술가가 루카 파치올리(Luca Pacioli), 레오나르도 다빈치(Leonardo da Vinci), 그리고 모리츠 코르넬리스 에셔(Maurits Cornelis Escher)이다. 어떤 수학자들은 자신들의 수학적 연구를 지속하는 과정에서 예술가로 변신한 경우도

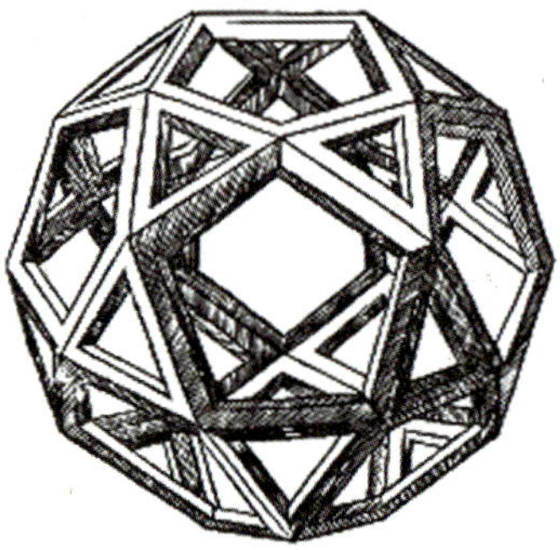

레오나르도 다빈치는 화가, 수학자, 과학자 그리고 기술자였다. 그는 기하학의 열렬한 애호가였고 나이 40대에는 기하학적 도형을 많이 그렸다. 위 도형들은 레오나르도 다빈치가 그린 기하학적 다면체 이미지들이다.

있다. 알브레히트 듀러(Albrecht Durer)가 바로 그런 수학자 중의 하나이다. 통상적으로 수학자들은 아름다운 이론과 아름다운 증명에 대해 담론하기를 즐기며, 그들은 증명과 이론에 대해서 감정적인 반응을 보인다. '재미없는' 수학적 사실을 재기 넘치게 증명한 예도 있고, 재기 넘치는 이론을 불만족스럽게 증명한 경우도 있다. 예술가와 예술 비평가들도 아름다움에 대해 이야기한다.

예술이란 아름다움뿐만 아니라 감정의 의사소통 문제와도 깊은 연관이 있다. 어떤 이들은 에셔의 작품에서 감정적 요소를 거의 찾을 수 없을 테지만 그가 창조한 패턴에 깊은 인상을 받지 않는 사람은 거의 없을 것이다. 혹자는 에셔의 작품이 아름답다고 여기지만 그것은 렘브란트의 작품에서 느끼는 아름다움과는 다르다. 예술에 있어서 아름다움, 의사소통 그리고 감정이라는 이슈가 간단치 않은 주제인 것과 같이 수학에 있어서도 이런 문제가 간단치 않다.

72면체는 르네상스기에 인기 있는 소재였다. 유클리드기하학적 이론

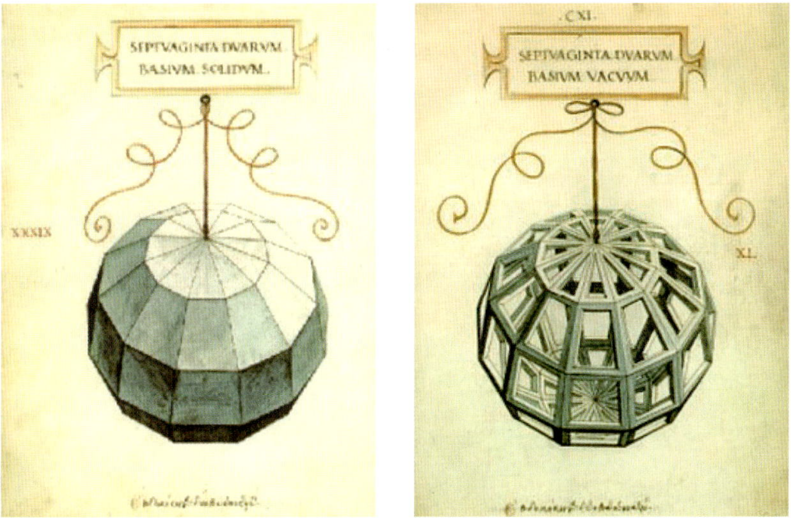

레오나르도 다빈치의 작품인 72면체 돔 형태의 다면체 모형

을 형상화한 것일 뿐더러 이상적인 돔의 모형이라고 믿었으며 이는 건축에서의 기하학의 중요성을 상징하기도 한다.

예술품은 삶의 경험들을 표현하려는 인간의 시도에 의해서 탄생한다. 예술은 표현 방식에 따라 글, 그림, 조각 또는 다른 형태를 가질 수 있다. 예술품에 기능과 미를 혼합하면 접시, 나이프, 포크, 램프와 같은 생활용품이 된다. 수학자들은 갖가지 생활용품을 만들 수 있는 도구(tools)를 제공함으로써 예술가들을 돕고 있다. 그러한 도구들은 예술가들이 생각하기에는 역부족인 수학적 이론들의 결합이다. 예를 들자면 유클리드 3차원에서는 오직 다섯 종류의 정다면체만이 가능하다는 것을 수학적으로 증명했기 때문에 어떤 예술가든지 다섯 이상의 정다면체를 만들려는 시도는 할 수 없다. 12면체는 한 면마다 달을 표시하는 데 사용할 수 있

> 을 것이다. 유클리드 3차원에서의 정다면체의 면수는 4, 6, 8, 12, 혹은 20개만이 존재한다. 더 중요한 이슈는 예술가들은 3차원에서 본 물체들을 평평한 종이 위에 사실처럼 그릴 수 있다는 점이다. 투시도에 관한 문제는 수학적 모델링의 관점에서 보아야 한다. 왜냐하면 일반인들이 지각 대상을 바라볼 때는 '한 개의 눈'으로 평평한 캔버스 위에 그려진 물체를 3차원의 안목으로 보기 때문이다. 그러나 아시다시피 인간은 두 개의 눈을 가졌다. 과거의 미술가나 수학자들은 이런 하나의 눈이니 두 개의 눈이니 하는 문제를 생각치 않고 단순하게 바라보는 것에 그쳤지만, 오늘날에는 그러한 문제들을 계산할 수 있는 수학적 도구들이 있는 만큼 그 점을 염두에 두어야 한다.

일반인들에게까지는 알려지지 않았지만 수많은 수학자들이 투시화법의 이론에 기여했다. 미적분을 공부하는 학생들이라면 모두 알 만한 이름이 브룩 테일러(Brook Taylor)이다.

테일러는 직선 투시 이론을 썼다. 그리고 미술사를 공부한 사람이라면 피에로 델라 프란체스카(Piero della Francesca)를 기억할 것이다.

브룩 테일러

그렇지만 얼마나 많은 미술사가들이 프란체스카가 수학에 공헌한 것을 알고 있을까? 유사하게 제라르 데자르그(Gérard Desargues)의 사영기하학에 대한 공로는 기하학자들에게 잘 알려져 있으나 그의 업적이 미술과 깊이 관련이 있다는 점에 대해서는 잘 알려져 있지 않다.

옆의 그림은 '데자르그 배치'라는 것으

로 사영기하학을 공부하는 학생들은 잘 알 것이다.

투시 이론에 대한 또 다른 공로자는 요한 람베르트(Johann Lambert)이다. 그는 유클리드의 다섯 번째 공리는 성립되지 않는다는 결과를 만들어냈다. 일반인들에게 그 어떤 작가보다 수학의 본질을 많이 이용한 미술가로는 에셔가 있다. 에셔 자신에게는 수학적 재능이 있었는지 모르지만 그의 작품에는 수학적 재능이 분명히 나타나 있다. 에셔는 수학을 정식으로 공부하지도 않았는데도 많은 예술적 문제들을 수학적인 방법으로 접근하였다.

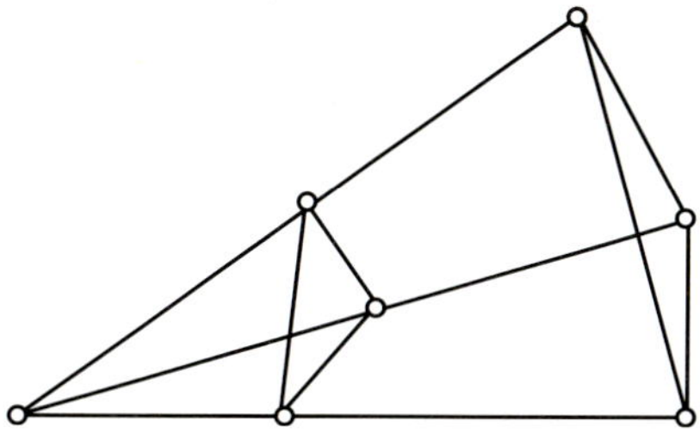

데자르그 배치

에셔는 적어도 한 사람의 기하학자에게서 깊은 영향을 받았는데 그가 바로 해롤드 콕스터(Harold Scott MacDonald Coxeter)이다. 에셔는 유한의 화폭에다 무한을 표현하는 문제에 있어서 콕스터와 의견을 교류하였다. 콕스터는 쌍곡평면에서의 타일링의 연결을 보여줌으로써 이러한 수학적 연결성의 자세한 부분을 설명하였다.

앞에서 언급한 내용은 수학과 예술 사이의 연관성이라는 커다란 주제에 있어서는 빙산의 일각에 불과하다. 앞으로 수학과 예술 사이의 연관성은 더욱 확대되고 번창할 것이다. 여기에서 예술은 미술을 의미한다.

해롤드 콕스터

위대한 수학자들

앙리 푸앵카레(Henri Poincare, 1854~1912)

푸앵카레 추측을 제기한 프랑스의 가장 뛰어난 수학자. 푸앵카레는 수학, 수리물리학, 천체역학에 뛰어난 학자로 소르본느대학 교수를 지냈다. 위상기하학에서 호몰로지 개념을 발견하고, 수학에서 가장 유명한 문제 중의 하나인 푸앵카레 추측을 제기한 것으로 특히 유명하다. 그는 삼체문제에 대한 연구로 결정론적 복잡계를 발견하여 현대적인 카오스 이론의 기초를 마련하는 등 수많은 영역에서 주요한 기여를 하였다.

푸앵카레는 조금 어눌해 보였지만 무엇이고 한 번 읽은 것은 거의 완벽하게 기억하고 즉각 상기해 내는 사람이었다. 그가 안정감을 못 갖고 서성거릴 때는 수학을 머릿속에서 연구하고 있을 때였으며, 생각이 완성되면 새로 쓰거나 수정하지 않고 즉시 논문으로 만들었다 한다. 푸앵카레의 '성급함과 다작'은 모든 것을 신중하게 준비한 가우스의 좌우명 '적지만 익은'과 대비되곤 한다.

제25장 화폐와 우표 속의 수학

무한 이외에 다른 어떤 물음도 그토록 인간 정신에 깊은 감동을 준 것이 없었다.
– 힐베르트

모든 사람이 일상생활에서 가장 긴요하게 사용하는 것에는 화폐와 우표가 있다. 이 화폐와 우표 속에 무엇을 담을 것인가 하는 것은 각 나라의 가치관이나 역사에 따라 정해진다. 화폐와 우표 속에 수학자가 나오는 나라가 꽤 있다. 주로 과학이 발전하고 역사가 깊은 서구 유럽에서의 경우가 대다수라고 할 수 있다.

1971년 니카라과에서 발행된 '인류 역사를 바꾼 열 가지 수학 공식'을 적은 우표

화폐 속의 수학자

가우스는 19세기 독일의 수학자로 대수학 · 해석학 · 기하학 등 여러 방면에서 뛰어난 업적을 남겼다. 수학에 이른바 수학적 엄밀성과 완전성을 도입하여, 수리물리학으로부터 독립된 순수수학의 길을 개척하여 근대 수학을 확립하였다. 3차원 유클리드 공간의 곡면에 관한 연구에서 '가우스 곡률'이라고 불리는 곡면의 고유한 곡률을 측정하는 방법에 관해서 획기적인 발견을 하였는데, 이 이론에 의하면 곡면 위에서 살고 있으면서도 그 표면이 3차원 공간상에서 굽어져 있다는 것을 모르고 있는 생물이라도 그 곡면에서 적절한 측량을 하면 주어진 점에서 곡면이 얼마만큼 굽어져 있는지를 계산할 수 있다고 한다.

수학자 가우스가 들어 있는 독일의 10마르크 지폐, 1993년 발행

파스칼은 프랑스의 수학자 · 물리학자 · 철학자 · 종교사상가였다. 학교 교육을 받지 않았으나 독학으로 유클리드기하학에 몰두하였다. 16세

파스칼이 그려진 프랑스의 500프랑짜리 지폐, 1968년 발행

에 '원뿔곡선시론'을 발표하여 당시의 수학자들로부터 주목을 받았다. 사영기하학에서 나오는 '파스칼의 정리'가 이 시론에 포함되어 있다.

아벨은 노르웨이의 수학자로 19세에 그때까지 약 3세기 동안 수학상의 어려운 문제로 남아 있던 5차방정식의 대수적 일반 해법을 연구하여 그 불가해성을 증명하였다. 아벨은 전도가 유망한 천재 수학자였으나 26세에 생애를 마쳤다. 그의 이름은 '아벨의 적분', '아벨의 정리', '아벨 방정식' '아벨군(群)' 등 오늘날 사용되고 있는 많은 수학 용어 속에 살아 있어, 수학계 불후의 인물로 기억되고 있다.

아벨이 나오는 노르웨이의 500크로네 지폐, 1978년 발행

우표 속의 수학자

수학자가 나오는 우표는 수백 종에 이르는 만큼 화폐보다 훨씬 주제나 형태가 다양하고 종류도 많다. 수학자 중에서는 뉴턴이 우표에 많이 등장하는데 100종이 넘는다. 재미있는 것은 수학과 관련된 우표만을 수집하는 사람이 많고, 취미 클럽도 있다는 것이다. 대표적인 모임이 'Mathematical Study Unit'라는 것으로, 수학과 관련된 우표를 모으는 일을 취미로 하는 수백 명의 회원이 서로 정보를 교환하고 도움을 주고받는다. 로빈 윌슨이 쓴 『우표 속의 수학(*Stamping through Mathematics*)』이라는 책은 우리나라에서도 번역되었다. 고등학교 수학

북한에서는 아이작 뉴턴을 기념하는 우표가 많이 발행되었다.

오일러가 있는 스위스의 10프랑 지폐, 1979년 발행

교사인 제프 미러는 '우표 속에 나타난 수학자의 이미지'라는 웹사이트를 운영하며 수학자별로 전세계에서 발행된 우표의 이미지를 인터넷상에 모두 올려놓았으며, 계속적으로 새로 수집한 우표의 이미지를 업데이트시키고 있다.

우표와 관련된 또 하나의 유명 사이트는 미국 버팔로대학의 과학기술 도서관에서 운영하는 '우표 속에 나타난 과학의 발전사'라는 인터넷 사이트로서 수학뿐만 아니라 다른 과학 분야의 우표까지도 이미지로 올리고 있다.

우리나라에서 2000년에 발행된 국제수학올림피아드 서울 개최를 축하하는 기념우표

우리나라에서는 2000년에 발행된 국제수학올림피아드 서울 개최를 축하하는 기념 우표가 유일한 수학 관련 우표이다. 북한에서는 수학 관련 우표가 여러 번 발행되었다. 특히 뉴턴을 기

넘하는 우표가 많이 발행되었다. 흥미로운 우표 중에는 1971년 니카라과에서 발행된 '인류 역사를 바꾼 열 가지 수학 공식'을 적은 우표이다. 이 밖에도 수학 관련 우표는 전세계적으로 1천 종이 넘는다. 우리나라에서도 수학과 관련된 화폐와 우표가 다양하게 발행되는 날을 기대해 본다.

다양한 수학 관련 우표들

국제수학회의 기념우표

뉴턴의 법칙

페르마의 법칙 기념우표

국제수학회의 기념우표 (소비에트 연방)

뫼비우스의 띠

피타고라스 기념우표

오일러의 정리

아르키메데스 기념우표

아르키메데스 기념우표

위 대 한 수학자들

다비드 힐베르트(David Hilbert, 1862~1943)

20세기 최고의 독일 수학자. 대수적 정수론, 유클리드 원론의 방법을 철저하게 하는 공식주의를 주장함. 1900년 세계수학자대회의 기조연설에서 힐베르트는 20세기에 해결해야 할 23개의 수학 문제를 제안했고, 이 문제들이 하나씩 해결될 때마다 수학계는 흥분하였다.

힐베르트의 묘비. 묘비석에는 "Wir müssen wissen, Wir werden wissen(We must know, we will know; 우리는 알아야 한다, 우리는 알 것이다"라고 적혀 있는데, 그가 괴팅겐대학 은퇴시 자연의 이해와 논리를 주제로 한 연설에서 한 유명한 말이 묘비명으로 되었다.

제26장 게임 속의 수학

무한 이외에 다른 어떤 물음도 그토록 인간 정신에 깊은 감동을 준 것이 없었다.
– 힐베르트

'치킨 게임'이란 것이 있다. 1950년대 미국 갱들 간에 유행하던 것으로 좁은 도로 양쪽에서 두 명의 경쟁자가 자동차를 몰고 정면으로 돌진하다가 충돌 직전 핸들을 꺾는 자가 겁쟁이 치킨이 되는 게임이다. 오늘날 어느 한쪽의 양보없이 극단적으로 승자를 가리는 게임으로 70년대 미소간의 극심한 군비 경쟁 같은 것을 말한다. 치킨 게임은 게임 이론 중의 하나로서, 게임 이론은 경제학·생물학·정치학·컴퓨터공학·철학에서 활용되는 응용수학의 한 분야이다. 상대방의 전략을 예상하고 나의 선

정치적 충돌을 풍자하여 치킨 게임에 비유한 이미지

택을 결정하는 모든 상황을 수학적으로 게임이라고 하며 최적의 전략을 수학적으로 분석하는 방법을 게임 이론이라 한다.

만약 치킨 게임 시작 직전에 자동차 핸들을 꺾지 못하도록 두 손을 묶어 버리는 '자기 손 묶기 전략'을 상대에게 흘린다면 상대의 선택의 폭은 네 가지에서 두 가지로 좁혀진다. 전략은 계획과는 구별된다. 계획은 자기가 어떠한 일을 어떻게 하겠다는 것을 정하는 것인 데 반해, 전략은 경쟁자에게 승리하기 위해 우리가 어떻게 해야 하는지에 대한 행동을 선택하는 것이다. 게임 이론에서는 경쟁자가 취할 행동을 계산하여 자신의 이익을 최대로 할 전략적 행동을 결정하는 방법을 수학적으로 찾는다.

게임의 목표는 이기는 것으로, 적과 나를 알고 전략을 세우는 것이 게임의 기본이다. 따라서 요즈음 웬만한 기업들은 게임 이론을 토대로 경영 전략을 수립하고, 주요 경영대학원과 경제학과에서도 게임 이론을 핵심 교과목으로 가르치고 있다.

1944년 폰 노이만(사진 왼쪽)이 모르겐슈테른과 함께 저술한 책 『게임이론과 경제적 행위』

체스는 제로섬게임이다. 비즈니스 협력은 논제로섬게임 모델

게임 이론의 시초는 천재 수학자 요한 폰 노이만(Johann Ludwig von Neumann)과 경제학자 오스카어 모르겐슈테른(Oskar Morgenstern)으로 그들의 이론은 제2차 세계대전시 군사적 의사 결정에 활용되면서 발전했다가 최근에는 경제와 정치 현상을 이해하는 도구로 널리 각광받고 있다. 존 내쉬도 게임 이론으로 1994년 노벨 경제학상을 받았고, 이후 로버트 아우만(Robert Aumann)과 토마스 셸링(Thomas Schelling)은 '협조적 게임 이론'으로 2005년에 노벨 경제학상을 받았다.

게임 이론에는 많은 수학적 모델링이 있지만 그중 하나가 제로섬게임과 논제로섬 게임이다. 제로섬게임은 두 경쟁자 중 하나가 이기면 다른 하나는 필연적으로 지는 이익의 합이 제로인 게임이다. 이런 게임에서는 나의 이익보다는 상대방의 손해에 전략을 맞추는 것이 유리하다. 조선시대 임상옥이 가격 담합을 한 중국 상인들을 응대하여 그들이 보는 앞에서 인삼을 불에 태운 후 남은 인삼을 더 비싼 가격에 팔아 큰 이익을 보았다는 이야기도 제로섬게임이다. 반대로 논제로섬 게임은 남과의 경쟁에서 손해를 끼쳐 이득을 보겠다는 생각보다는 상대 경쟁 주

죄수의 딜레마

체와 경쟁관계지만 협력하여 더 큰 이익을 창출하는 윈-윈 게임 방식이다. "영원한 친구도 영원한 적도 없으며, 이익 창출만 있을 뿐이다"로 인식되는 비즈니스 세계에서 전략적 제휴가 논제로섬 게임의 경쟁 전략으로 간혹 이용된다.

게임 이론의 또 다른 모델링에 비협조적 게임과 협조적 게임이 있다. '죄수의 딜레마'는 비협조적 게임 이론의 한 예이다. 두 공범이 살인죄로 기소되었다. 그러나 살인죄를 증빙할 증거가 불충분한 검사는 두 공범을 각각 다른 방에 가두고 서로 대화할 기회를 주지 않은 채 취조하면서 다음 조건을 제시한다. 둘 다 자백하지 않으면 증거 불충분으로 둘 다 1년 징역, 둘 다 자백하면 살인죄로 둘 다 5년 징역, 그러나 한 사람은 자백을 하고 한 사람은 자백을 하지 않으면 자백한 사람은 형을 면제하고 자백하지 않은 사람은 20년 징역에 처한다고 했을 때 어떤 상황이 벌어질까? 결과는 비협조적 게임 이론상 최악의 상황(20년 징역)에 대한 두려움 때문에 둘 다 자신에게 가장 유리한 선택을 하고 둘 다 결국 5년 징역을 살게 된다.

그런데 이런 선택을 100번 정도 반복한다면 결과는 어떨까? 아마 둘 다 협조하여 범죄를 부인하고 이익의 극대화인 1년 형을 살게 될 것이다. '협조적 게임 이론'은 반복되는 게임 상황에서 협상 당사자들이 다른 쪽의 행동을 고려하면서 자신의 이익을 효과적으로 극대화하는 협력적 경쟁관계를 형성할 수 있다는 것인데, 아우만과 셸링이 수학적으로 분석하여 2005년 노벨 경제학상을 받았다.

상거래에서 신용은 거래 관계가 얼마나 반복적 · 지속적이냐에 달려 있다. 단 한 번뿐인 죄수의 딜레마 게임에선 배신이 우월 전략이 되지만 반복적인 게임이라면 협력이 더 유리한 결과를 만든다. 애덤 스미스(Adam Smith)는 "규모가 크고 상거래 빈도가 잦은 상인일수록 자신의 평판을 지키기 위해 정직하게 행동할 인센티브가 크다"고 지적했다. 미국발 금융 위기를 보자. 미국 정부가 몇 차례에 걸쳐 결국 1조억 달러 규모의 구제금융 재정 지원을 금융기관에게 약속한 것은 양보 없는 '치킨 게임'으로 양쪽 모두 파국으로 치닫게 될 상황을 피하기 위해 정부가 핸들을 꺾은 경우이다. '이익의 사유화와 손실의 국유화'라는 선례를 남기긴 했지만 양보없는 극단을 피하자는 전략적 선택인 것이다.

현실적으로 우리는 가끔 제로섬게임의 상황에 빠지게 된다. 나의 의도와는 상관없이 상대가 제로섬게임을 걸어오기도 한다. 가능하다면 제로섬게임을 논제로섬 게임으로 바꿔 서로 협력하여 더 큰 파이를 만들어 서로가 더 큰 이익을 얻는 게임으로 바꿔야 한다. 그러나 상황을 피할 수 없을 때에는 내가 바보가 아니라는 것을 임상옥처럼 보여줘야 한다.

게임 이론은 수학에서 출발하여 현재 사회과학 분야에서 꽃을 피우고 있다. 많은 결정의 순간에 게임 이론을 활용하면 보다 유리한 전략적 선택을 할 수 있다.

위 대 한
수학자들

니콜라이 이바노비치 로바체프스키
(Nikolay Ivanovich Lobachevsky, 1792~1856)

러시아의 수학자. 헝가리의 보요이(Bolyai)와 함께 비(非)유클리드기하학의 창시자로 여겨진다. 가난한 공무원의 아들로 태어난 그는 카잔대학교를 다녔고 그곳의 교수가 되었다. 그는 1826년에 비유클리드기하학 이론을 발표했고 1829년 출판했다.

이 기하학은 평면 위에 주어진 한 직선과 평행이며 평면 위의 한 점을 지나는 직선은 오직 하나라는 유클리드 평행선 공리에 근거하지 않는다. 비유클리드기하학이 논리적으로 가능함을 보이기 위해 그는 유클리드 평행선 공리가 다른 유클리드 공리들의 결과로부터 추론될 수 없음을 입증했다. 그의 발견은 1832년에 출판된 보요이의 연구로 확증되었고, 이는 2,000년 동안 수학자들을 괴롭혔던 문제에 대한 최종적 결론이었다. 기하학과 더불어 무한급수론, 특히 삼각급수론 · 적분학 · 확률론 등에서 뛰어난 업적을 남겼다.

제27장 금융시장을 움직이는 수학

나에게는 특별한 재능이 없다. 단지 열정적인 호기심이 많을 따름이다.
– 아인슈타인

금융 수학은 금융시장의 리스크를 관리하고 새로운 금융 상품을 개발하며 금융시장이 건전하게 발전할 수 있도록 창조적인 해결책들을 제공하는 응용수학의 한 분야이다. 수학 기초가 튼튼하고 계산 및 응용수학, 통계 지식이 풍부하며 금융 분야에 관심 있는 사람들이 진출할 수 있는 분야이다.

마이런 숄즈 교수(좌)와 로버트 머튼 교수(우)는 1997년 노벨 경제학상을 공동 수상하였다. 이들은 자본 시장에서 인간의 행동을 예측하고 파생 상품 가격이 결정되는 수학적 모델을 만들어서 자본 시장을 과학화, 계량화, 합리화, 숫자화한 선구자들이다.

1997년 노벨 경제학상은 하버드대학교의 로버트 머튼(Robert C. Merton) 교수와 스탠포드대학교 마이런 숄스(Myron S. Scholes) 교수에게 공동으로 주어졌는데 금융계 파생 상품의 가격 결정 모형을 개발한 공로를 인정받았다. 이들의 업적은 수학과 경제 이론이 접목한 대표적 케이스이다. 이들은 고도의 수학 이론인 '블랙-숄스 공식(Black-Scholes Model)'을 최초로 금융 파생 상품에 도입하여 투자 가치 계산을 100분의 1로 단축함과 동시에 금융 파생 상품 시장 고유의 높은 위험 부담을 줄이는 데 공헌했다. 수학적으로 복잡하기는 했어도 블랙-숄스 공식은 비교적 간단한 일련의 변수, 즉 현재의 주식 가격, 미래의 옵션 계약부 가격, 만기일, 완료일, 그리고 달리 선택할 수 있는 무결손 투자 이율 등에 기초한 것이었다.

이 공식을 적용한 결과, 옵션 및 다른 파생 상품의 거래가 투자자에게 더욱 매력적인 투자 대상이 됨으로써, 얼마 지나지 않아 블랙-숄스 공식은 전세계 매매업자들에게 주식 옵션 평가를 위한 주요 수단으로 채택되었다. 1970년대 중반이 되자 시카고 증권 옵션거래소의 매매업자들은 휴대용 계산기로 즉석에서 옵션 가치를 계산할 수 있게 되었다. 머튼은 블랙-숄스 공식에 의거한 자신의 수학 지식을 활용해 무배당 주식을 상

퀀트들의 삶을 다룬 책

정하는 등의 몇몇 제한이 완화될 수 있다는 것을 입증했다. 그리고 공식에 변화를 주어 주택 저당이라든가 학생 대부 등 옵션 이외의 다른 경제적 문제들과 일반적인 위험 관리에도 그것이 적용될 수 있음을 보여주었다. 이러한 공적이 인정을 받아 노벨 경제학상을 받게 된 것이다.

최근의 파생 금융 상품은 기초 자산 외에 그 자신이 다른 파생 금융 상품과 결합하여 새로운 파생 상품을 낳고 있으며, 이로 인해 고도의 수학적인 분석 능력 없이는 그 가치조차 제대로 평가하기 어렵다고 한다.

미국 월가에는 퀀트(Quant)라 불리는 수학자나 물리학자들이 있다. 그들의 업무는 수학적 모델링을 활용한 파생 상품을 설계하는 일이다. 그들은 금융 증권의 가치를 평가하는 정교한 모델링 작업과 함께 다양한 금융 상품을 조직하고 관리한다. 약간의 오차가 엄청난 손실을 가져올 수 있기 때문에 고도의 수리 능력을 갖춘 석·박사급 인재가 대부분으로 우리나라에도 미국 월가처럼 퀀트들이 메이저 금융사에 진출해 있다.

미국 등에선 현재 월스트리트 금융계에 진출하는 수학 전공자의 비중이 나날이 높아지고 있으며, 이미 금융 상품의 새 모델을 개발하고 금융시장에서의 문제를 푸는 데 이용되는 금융 수학이 장래가 촉망되는 분야로 떠오르고 있다. 실제로 월스트리트를 움직이는 인물 20명 중에 이공계 출신이 무려 17명이 포함되어 있을 정도로 현대의 금융산업은 복잡한 수학 지식을 요구하며, 수학적 배경이 있어야 금융 수학 과정 이수가 가능하다. 국내의 금융시장도 점차적으로 선진 금융시장으로 변화되고 있는 증거들이 나타나고 있으며, 단순히 직관에 의존하여 시장을 판단하던 시기는 이미 지났고 실제 수학적 모형을 바탕으로 수치를 구하여 분석할 수 있는 능력을 가진 사람들을 요구하고 있다.

미래의 금융 경쟁력은 곧 금융 수학에서의 경쟁력이라고 해도 과언이 아닌 만큼 앞으로 우리나라도 수학적 지식과 기반으로 무장한 전문 금융인의 양성이 필요하다. 수학은 금융이나 계리와 같은 경제 분야뿐만 아니라 일기예보나 교통 문제 그리고 DNA 해독에 있어 엄청난 양의 계산 처리에서 혁명을 이루어내고 있으며, 안구나 지문을 통한 생체 인식 시스템 개발, 첨단 항공기나 무기 개발 및 만화 영화, 음악 파일 저장과 같은 첨단 문화 산업에서도 그 활용이 다양하게 확대되고 있다. 앞으로의 세상에서는 IT, BT, NT, 그리고 CT 분야에서 수학의 비중이 더욱 커질 것이다.

위 대 한
수학자들

스테판 바나흐(Stefan Banach, 1892~1945)

폴란드의 수학자. 위상공간의 이론을 창시 발전시켰다. 1922년 학위논문 「추상집합(抽象集合)에서의 연산자(작용소)와 이것의 적분방정식에의 응용」을 *Fundamenta Mathematica* 제3권에 발표하였고, 1927년 르보프대학 교수에 취임했으며, 1939년 폴란드 과학아카데미로부터 대상을 받았다.

바나흐는 함수해석학의 개척자로서, 20세기 최고의 수학자 중 한 사람으로 인정받았다. 스타니스라프 울람(Stanislaw Ulam)은 자서전에서 바나흐를 묘사하기를 "좋은 수학자는 비유(아날로기)를 볼 줄 안다. 위대한 수학자는 비유들 사이의 비유를 볼 줄 안다"고 평하였다. 바나흐는 함수해석학의 아버지인 동시에 벡터공간 이론, 측도론, 집합론과 다른 수학 분야에도 주요한 기여를 했다. 주요 저서에 『선형연산론』(1932)이 있다.

제28장 여론조사와 선거 속의 수학

수학의 본질은 그 자유로움에 있다.
– 게오르크 칸토어

선거철이 되면 세계 어느 나라에서나 여론조사가 실시되고 그 결과를 공표한다. 후보들은 여론조사에 웃고 울며, 유권자는 여론조사를 보고 자신이 지지하는 후보의 당선 여부를 추측하고, 때로는 후보를 바꾸기도 한다. 여론조사는 얼마나 믿을 수 있는가? 여론조사에는 표본 집단의 규모와 성격, 표본 오차, 질문지의 공정성, 조사 방법, 응답률 등 공정하고 정확한 여론조사를 위해 영향을 끼치는 요소들이 많다. 여론조사를 접하는 유권자들은 발표되는 숫자에 신경쓰기 전에 스스로 몇 가지 사항을 꼼꼼히 살펴볼 필요가 있다.

첫째, 누가 여론조사의 주체이며 후원자인가를 우선 살펴야 한다. 선거의 결과와 이해관계가 분명하게 있는 기관에서 실시한 여론조사 결과는 신뢰성에 문제가 있을 소지가 많다. 조사의 응답률도 신뢰도에 중요한 요소이며 조사 방법도 재고해야 한다. 응답률이 10%라고 할 경우

100명 중 10명만 답한 것이고, 이는 적극적 지지층의 의견이 강하게 드러난 조사이니 응답률 20%보다 신뢰성이 떨어진다고 봐야 한다. 조사 방법도 전화 조사인지, ARS인지, 인터넷 조사인지 따져 본다.

여론조사 속에는 복잡한 수학이 들어 있다.

ARS는 신뢰성이 떨어지는 방법이지만 눈치보지 않고 솔직하게 대답하는 경향이 높고, 인터넷 조사도 동기 유발이 강한 집단이 참여하고 특정 집단을 지향할 가능성이 많아 신뢰성에 문제가 있다.

둘째, 표본 집단의 성격을 참고해야 한다. 표본 집단을 정하는 방법에는 임의, 할당, 무작위 추출 방법이 있다. 임의는 그야말로 길가는 사람 아무나 붙잡아서 하는 경우이거나 무작위로 전화를 걸어서 하는 방법이고, 할당은 유권자 인구 구성과 지역까지를 감안하여 표본을 구성하는 방법이다. 무작위는 모집단에서 무작위로 추출하는 방법이다. 이상적인 표본 집단이라면 모집단(전체 유권자 수)의 성격을 가장 근접하게 반영시킨 샘플링을 하는 것이다. 표본 집단은 여론조사의 신뢰성을 가늠하는 중요한 부분이기 때문이다. 가령 연령, 지역, 직업, 성별, 종교 같은 기초 변수와 더불어 과거 투표율과 현재 유권자 전국 인구 분포까지 입체적으로 반영한 표본 집단 샘플링인지 확인한다.

셋째, 질문지의 내용과 어투 그리고 질문 방식이 객관적이고 중립적인가도 중요하다. 질문에 따라 얼마든지 의도한 결과를 얻어낼 수 있기 때문이다. 표본 오차는 신뢰성을 나타내는 숫자로 조사 결과가 평균에

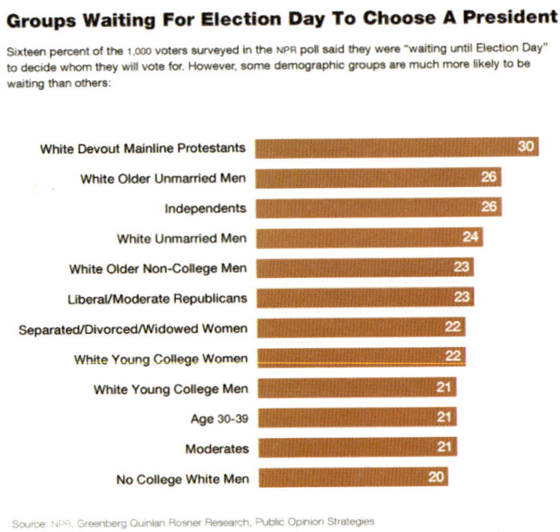

미국 등 세계 어느 나라에서도 여론조사에 촉각을 세우는 게 선거이다.

서 얼마나 벗어나 있느냐를 말하는 데이터이므로 작을수록 좋다. 신뢰성 있는 여론조사를 수행하고 집계 결과를 과학적으로 도출하기 위해서는 고도의 통계와 확률에 능통한 자가 참여하는 것이 절대적으로 권장된다.

신뢰성과 공정성에 의문이 가는 여론조사는 많은 나라에서 유권자들의 행동과 결정에 영향을 끼치곤 한다. 따라서 신뢰성 있는 여론조사는 표본 집단을 모집단에 가장 근접하게 구성하고, 응답률을 높이는 방법을 찾아서, 과학적이고 객관적인 질문으로 자신의 의사를 드러내지 않는 유권자의 성향까지를 분석해 낼 수 있어야 한다.

우리나라 유권자들은 여론조사의 결과만 보고 일희일비하거나 크게 영향을 받기보다는 여론조사의 방법에 대해서도 관심을 가져볼 필요가 있다. 통계와 확률을 전공한 수학자들은 수집된 자료와 정보를 이용하여 불확실한 사실에 대해 과학적인 판단을 내릴 수 있는 근거와 방법

조그비 인터네셔널의 존 조그비는 개표 결과 전에 투표 결과를 정확하게 짚어내는 것으로 미국에서 유명하다.

을 제시할 수 있도록 훈련받는다. 올바른 정보 수집 능력과 다양한 정보 분석 방법을 교육받은 전문 인력들이 여론조사를 관장하는 것이 바람직하며, 정확한 결과 도출을 위해서 필연적으로 논리적 사고와 고도의 컴퓨터 활용 능력도 요구된다.

요즈음 국가간의 관계는 영원한 적도 영원한 친구도 없는 냉정한 국제사회 질서 속에 자국의 이익만이 우선시되고 있다. 국가의 좋은 지도자를 뽑는 중요한 선거에서 선거의 결과를 예측하는 여론조사가 과학적이고 수학적인 방법론에 근거하여 신뢰성 있게 진행되기를 바란다.

위 대 한
수학자들

고드프리 해롤드 하디
(Godfrey Harold Hardy, 1877~1947)

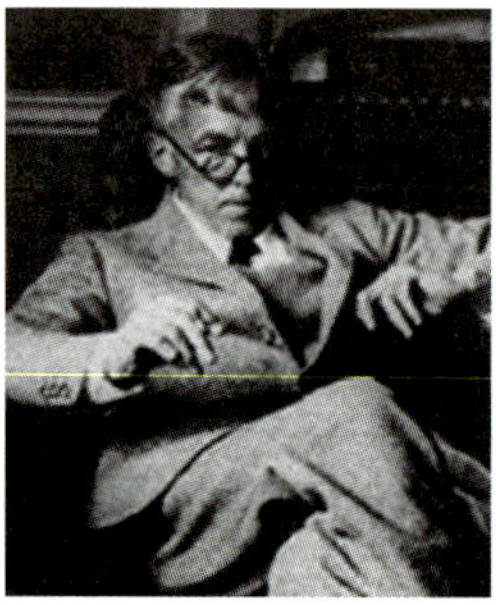

영국의 수학자. 케임브리지대학교 교수로 정수론과 해석학에 업적을 남겼다. 책 『어느 수학자의 변명(*Mathematician's Apology*)』으로 유명하다.

하디는 뉴턴 이후 100여 년 동안 유명 수학자를 배출하지 못했던 영국 수학계의 희망이라 불릴 정도로 명성과 능력이 있는 수학자였다. 순수수학만이 진지한 수학이고 예술이라고 믿어서 극단적 순수수학 신봉자로 알려져 있다. 괴짜였던 그와 관련된 수많은 일화들이 전해지는데 반나르시지즘적 거울 혐오증, 광적인 무신론자, 일광욕 광, 크리켓 광과 같은 이야기들이다. 인도 브라만 출신으로 수학을 독학한 스리니바사 라마누잔(Srinivasa A. Ramanujan)의 천재성을 편지를 통해 알아채고 영국으로 초청하여 유럽 수학계에 소개하기도 했다.

하디의 평생 소원 세 가지는 리만가설을 증명하는 것, 크리켓 경기 연타석 출루의 실력을 갖추는 것, 그리고 신이 존재하지 않음을 증명하는 것이었다고 한다. 하디의 업적은 해석적 정수론, 가법적 정수론, 오일러법의 개량, 제타함수에 관한 '리만의 예상' 연구, 푸리에급수, 하디-바인베르크의 법칙 등이다.

제29장 국가 안보 속의 수학

인간은 자연에서, 그것도 가장 약한 갈대에 불과하다. 그러나 생각하는 갈대다.
– 파스칼

인간 삶의 목표는 행복이다. 평화롭고 안전한 국가 체제는 행복한 삶의 밑바탕이다. 국가 안보는 군사적, 비군사적 위협으로부터 국민의 생명과 재산을 보호하고 위협의 발생을 미연에 방지하는 것이 목적이다. 과학기술은 국가 안보를 받쳐 주는 튼튼한 버팀목이다. 일례로 일본의 제국주의는 미국의 핵무기라는 과학기술에 의해 그 불씨가 꺼져 버렸다.

대공 미사일 발사 모습. 정교한 첨단 과학기술에는 수학이 필수적이다.

과학자로서 미국이 부러운 게 세 가지가 있다. 정권이 바뀌어도 과학기술 투자가 지속적으로 유지되는 것이 그 하나요,

1975년 미국의 화성 탐사 로봇우주선 바이킹 랜더스가 지구와 가장 닮았다고 추측되는 태양계의 네 번째 행성인 화성 표면에서 물의 흔적, 토양, 기타 환경에 관한 데이터를 추출하는 모습.

1969년 우주비행사 에드윈 E. 알드린이 미국 최초 유인 달착륙 우주선 아폴로 11호를 타고 달 표면에 착륙한 후 미국 성조기 옆에서 포즈를 취한 모습.

과학기술 연구자들이 일자리를 걱정할 필요가 없는 것이 그 둘째요, 연구의 중요성을 정부나 국민을 상대로 홍보하지 않아도 되는 여유가 그 셋째이다. 과학기술 발전을 국가 안보의 최첨병으로 생각하는 미국에는 국가안보를 다루는 국립연구소들이 많다. 에너지부에만도 아르곤국립연구소·로런스리버모국립연구소·로스앨러모스국립연구소·오크리지국립연구소·브룩헤이븐국립연구소·페르미연구소·샌디아국립연구소 등 17곳이나 된다.

그중에서도 샌디아국립연구소는 아예 국가 안보가 주요 미션이다. 그곳에선 제2차 세계대전 이후 6개 분야를 정해 놓고 국가 안보에 관한 연구를 계속해 오고 있다. 6개 분야는 핵무기의 안전과 확실한 핵 억제 장치에 관한 연구, 충분한 양의 청정 에너지원과 수자원 확보에 관한 연구, 대량 살상 무기

샌디아국립연구소의 6대 집중 연구 분야 소개 화면(홈페이지). 샌디아는 핵무기, 대량 살상 무기 억제, 국토 안보, 충분한 수자원과 에너지원 확보, 국방 방어 시스템, 과학기술 및 공학을 집중적으로 연구하고 있다.

확산 방지와 위협을 줄이는 연구, 국방 전력과 최상 수준의 방어 시스템 구축에 대한 연구, 첨단 과학기술을 이용하여 국민을 테러로부터 안전하게 보호할 방도를 찾는 연구, 그리고 과학기술과 공학의 첨단 연구와 발전에 관한 연구다.

8,300명에 달하는 인력과 한 해 3조 원이 넘는 국가 예산으로 국가 안보를 최상으로 유지하기 위해 불철주야 매진하는 이 연구소는 국토안보부와 국방부의 예산 지원도 받으며 록히드마틴사와 공동 운영을 한다. 뿐만 아니라 지구 안전과 안보를 위협하는 여러 문제들에 즉각 대응하기 위한 연구 체계를 갖추고 있고, 국방과 안보 및 전술 전략에서

캘리포니아 소재 샌디아국립연구소 전경

나폴레옹이 1815년 4월 25일 그가 세운 에콜폴리테크니크를 방문하는 모습을 그린 그림

미국이 세계 초강대국의 지위를 유지할 수 있도록 도움을 준다.

프랑스 역사에서도 비슷한 사례를 찾아볼 수 있다. 나폴레옹은 전쟁터에서 자신에게 군사 관련 기술 개발이나 조언을 할 자문 인력을 공급받기 위해 1794년 '조국을 위해서 과학과 영광을'이라는 모토 아래 에콜폴리테크니크를 설립했다. 이집트 원정 당시 나폴레옹은 이곳 학생 40여 명을 과학 · 군사 전략을 위한 고문으로 대동하였다고 한다. 전쟁을 수행하는 최고사령관 옆에 늘 최고의 과학 인력이 등용되었다는 역사적 사실과 과학 인력 양성 기관이 오늘날 프랑스 이공계 최고 명문대학으로 자리잡게 된 현실에서 안보와 과학기술의 밀접한 연관성을 엿볼 수 있다.

확고하고 철통 같은 국가 안보를 위해서는 국방력이 강해야 하고, 지

프랑스국립과학연구소는 프랑스 정부의 기초과학 연구 전반을 주도하는 국립 연구소로서 유럽 최대 규모를 자랑한다. 연구소 산하 과학자들은 공무원이라는 확실한 신분하에 프랑스 과학 정책에 직접 관여하며 프랑스의 기초과학과 학제간 연구 활성화를 강화하고 있다.

속적으로 발생하는 타국과의 갈등을 예방할 힘이 있어야 한다. 물론 굳건한 경제력도 갖춰야 한다. 국방력 수호의 지킴이로서 과학적 역량을 재점검하여 우리나라 평화 체제가 공고히 지속될 수 있도록 과감하게 투자하자. 산학연 합동 연구에 대한 종합 대책도 꾸려야겠다. 나무의 뿌리에 해당하는 과학기술이 튼튼할 때 선박, 항공, 전자통신, 방위산업 같은 전략적 국가 안보 산업이 알차게 열매 맺는다. 적극적인 예산 지원으로 자주 국방을 강화하고 평화적 국가 체제를 수립하자.

위대한 수학자들

아말리 에미 뇌터
(Amalie Emmy Noether, 1882~1935)

독일 태생. 역사상 가장 위대한 여성 수학자. 독일 에를랑겐대학의 수학교수의 딸로 태어난 에미 뇌터는 어린 시절에는 특별한 재능을 보이지 않았다. 박사학위를 받은 후 「가환환의 이데알론」 등 비가환대수 연구로 명성을 쌓았다. 힐베르트가 괴팅겐대학 교수직을 뇌터에게 주려 했으나 학교 당국은 독일 병사가 여성의 발 아래서 강의를 듣게 할 수 없다고 거부했다. 그러자 "교수의 성별이 교수직과 무슨 상관 있는가. 대학은 공중 목욕탕이 아니다"라고 반박한 힐베르트의 독설은 유명하다. 그녀는 미국으로 망명하여 브린마르대학의 교수가 되었다. 아인슈타인도 "최고의 여성 수학 천재였다"고 회고했던 뇌터는 힐베르트, 바일 등과 함께 19세기 수학을 현대 수학으로 추진하는 황금시대를 열었다.

제30장 국가 경쟁력과 수학

진실로 고생 없이 얻을 수 있는 귀중한 것은 하나도 없다.
변명 중에서도 가장 어리석고 못난 변명은 "시간이 없어서……"라는 말이다.
– 에디슨

수학이 황금알을 낳는 거위라는 말에 의아함을 갖는 사람도 있을 것이다. 가장 적은 비용의 투자로 국가의 부를 창출하는 데 일등공신이 된다면 수학이 분명 황금알을 낳는 거위라 할 수 있지 않겠는가? 우리나라 기초과학 분야는 1970년대 초까지만 해도 황무지나 거의 다름없었다. 그러던 것이 2000년도에 이르러 한국 과학자의 SCI 연구 논문 발표 건수가 12,232편으로 늘어 세계 16위를 기록했으니 괄목할 만한 성장을 하였다고 할 수 있다. 우리나라 과학자들

수학은 황금알이다.

이 과거 30여 년 동안 외국에 나가 피나는 노력으로 학위를 취득한 후 한국에 돌아와 후진 양성에 전념하였고, 또 최근 들어서는 국가의 지원책에 힘입은 결과라고 할 수 있다. 한 국가의 경제 수준과 기초과학 수준은 비례한다는 말이 있는데 거의 맞아 떨어진다. 우리나라도 경제 대국에 대한 욕구에 비례하여 기초과학의 육성에 힘을 쏟아야 한다.

수학에 대한 투자는 사람에 대한 투자이며 기초과학에 대한 투자이다. 미국의 경우 매년 1,000여 명의 수학박사 학위자를 배출하여 그들을 100% 활용하고 있다. 우리나라는 해마다 국내외에서 100여 명의 우수한 수학 분야 박사를 배출하고 있으나, 그들의 취직률은 50%(비정규직 포함)에도 미치지 못한다.

선진국에는 이미 국립수학연구소가 제2차 세계대전 이전부터 설립되었다. 미국은 1930년 폰노이만 · 오펜하이머 · 아인슈타인 등이 연구한 프린스턴 고등과학연구소(IAS)와 미네소타에 소재한 응용수학연구소(IMA) 등 10여 개의 국립수리과학연구소를 설립하여 활발히 운영하고 있다. 독일에는 1940년 오베르볼팍 수학연구소, 막스프랑크 수학연구소가 있으며, 영국에는 옥스퍼드 수학연구소, 케임브리지의 뉴턴수리과학연구소가 유명하다. 프랑스는 1958년 IHÉS(Institut des Hautes Études Scientifiques), 일본은 1964년에 교토대학수리해석연구소(RIMS: Research Institute for Mathematical Sciences), 그리고 중국은 1952년에 연구소를 설립하여 운영하고 있다. 수학의 국가별 선진화 지수가 현재 세계 선진 국가들의 순위와 비례하는 것을 보면 수학을 잘 하는 나라가 선진국이라는 말이 크게 잘못된 것이 아님을 알 수 있다.

BRICs의 네 국가인 브라질(Brazil) · 러시아(Russia) · 인도(India) · 중국(China)이 21세기 전반에 G7국가들을 제치고 세계 최대의 경제 동력

CAREERS | JANUARY 26, 2009, 11:20 A.M. ET

Doing the Math to Find the Good Jobs

Mathematicians Land Top Spot in New Ranking of Best and Worst Occupations in the U.S.

The Best and Worst Jobs

Of 200 Jobs studied, these came out on top – and at the bottom:

The Best	The Worst
1. Mathematician	200. Lumberjack
2. Actuary	199. Dairy Farmer
3. Statistician	198. Taxi Driver
4. Biologist	197. Seaman
5. Software Engineer	196. EMT
6. Computer Systems Analyst	195. Roofer
7. Historian	194. Garbage Collector
8. Sociologist	193. Welder
9. Industrial Designer	192. Roustabout
10. Accountant	191. Ironworker
11. Economist	190. Construction Worker
12. Philosopher	189. Mail Carrier
13. Physicist	188. Sheet Metal Worker
14. Parole Officer	187. Auto Mechanic
15. Meteorologist	186. Butcher
16. Medical Laboratory Technician	185. Nuclear Decontamination T

2009년 미국 월스트리트저널지에 발표된 직업 선호도에서 수학자가 '베스트 직업 1위'에 올랐다.

이 될 것이라 한다. 네 국가 모두 수학 강국들이다. 세계수학올림피아드에서 최상위권 국가임은 물론이고 수학의 전문 인력이 우리와 비교할 수 없을 정도로 많다.

2006년 한국의 교역 규모가 세계 12위이고, 인구 100명당 초고속 인터넷 가입자 수가 세계 1위이며, 기술 경쟁력이 세계 2위라는 통계에 안주해서는 안 된다. 정보화 분야에서는 세계 선두주자이지만, 기술 자부심을 나타내는 세계 일등 상품 수에서는 자꾸 뒤처지고 있다.

수학은 모든 학문에 내재해 있고 특히 산업 분야에서는 더욱 중요한 역할을 한다. 예를 들면, 항공 우주와 방위에서 유체 적재, 마찰 용접, 해양 탐사에서 빛의 추적 분야, 자동차에서 에어백, 조립 시스템, 엔진 블록 모델링, 선 루프 분야, 은행 · 보험 · 금융상품 분야, 화학에서 여

과기의 역세척, 스크린의 미세 구멍, 가압 용기 모델, 전자 및 컴퓨터 하드웨어, MRI 등 각종 의료 기구, IT 및 소프트웨어, TV-영상 변환, 제지 및 임업, 이동통신, 직물, 교통 등 각종 첨단 산업에서 수리과학이 관련되지 않은 곳이 없다. 뿌리가 깊고 튼튼한 나무에서 좋은 열매가 열리듯이 수학으로 대표되는 기초과학이 튼튼해야 첨단 과학이라는 훌륭한 열매를 잘 수확할 수 있다. 우리나라는 2005년, 일본보다는 40년 늦게 그리고 미국보다는 70여 년 뒤늦게 국가수리과학연구소를 설립하였는데, 이에 대해 국민 모두의 관심과 애정이 있을 때, 대한민국은 다시 떨든든한 기초 체력을 갖게 될 것이다.

위대한 수학자들

존 폰 노이만(John von Neumann, 1903~1957)

헝가리 출신 미국 수학자. 컴퓨터 및 암호 분야 업적 이외에도 양자역학, 함수 해석학, 집합론, 위상수학, 수치 해석, 경제학, 통계학 등 여러 분야에 걸쳐 다양한 업적을 남겼다.
특히 작용소 이론을 양자역학에 접목시켰고, 맨해튼계획과 프린스턴 고등연구소에 참여하였으며, 게임 이론과 셀 자동기계의 개념을 공동 개발한 것으로 잘 알려져 있다. 폰 노이만은 또한 게임 이론의 아버지로 불리며, 오스카 모르겐슈테른(Oskar Morgenstern)과 함께 1944년 고전 『게임과 경제행동 이론』을 썼다. 그는 제2차 세계대전 동안 핵무기를 개발하는 맨해튼계획의 일원으로 로스 앨러모스 국립연구소에서 한스 베테(Hans A. Bethe), 빅터 바이스코프(Victor Weisskopf)와 함께 일했다.

제31장 디지털 과학 속의 수학

일상적 세계에서 우리가 가능성이라고 부르는 것은
기하학적 세계에서는 하나의 실재이다.
– 비트겐슈타인

디지털이라는 단어를 빼놓고는 살 수 없는 세상이 됐다. 통신 역시 '디지털통신'이 대세가 된 지 이미 오래다. 하지만 '디지털 혁명'이라고 불릴 만한 통신의 디지털 시대를 연 것이 수학자들이라는 사실을 아는 사람은 몇이나 될까. 아날로그와 디지털의 차이는 크게 '선'과 '숫자'로 구별된다. 즉 아날로그는 곡선의 형태로 정보를 전달하고, 디지털은 1과 0이라는 숫자를 통해 정보를 전달하는 것이다.

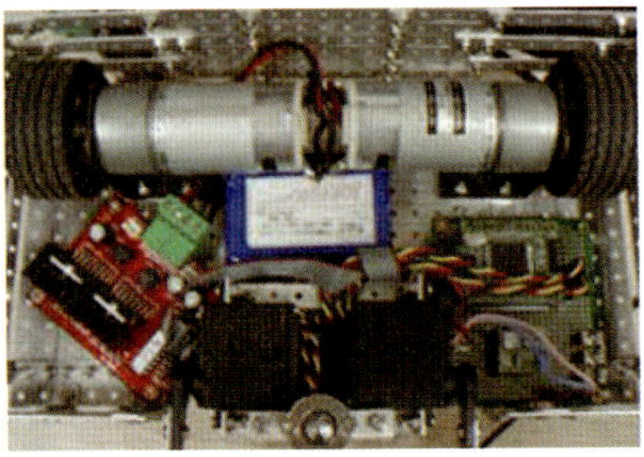

통신 관련 칩

삼각함수에서 시작된 디지털통신

프랑스의 수학자 푸리에는 1822년, 모든 주기적인 현상을 삼각함수의 선형 결합으로 나타낼 수 있다는 이른바 '푸리에 정리'를 발표했다. 얼핏 순수수학의 발견으로 그쳤을지도 모를 이 이론이 빛을 보게 된 것은 120여 년이 지난 1948년, 미국 벨연구소의 클라우드 섀넌(Claude E. Shannon)이 「통신이론의 수학적 원리」라는 논문을 발표하면서부터다. 정보 이론의 기념비적인 업적으로 꼽히는 이 논문의 발표로 아날로그 통신 시대는 막을 내렸고, 디지털 혁명의 싹이 움트기 시작했다. 지구 반대편의 사람들과 얼굴을 보면서 통화할 수 있게 된 것도 푸리에라는 수학자의 이론 덕택인 셈이다.

이 논문이 발표되었던 20세기 중반만 해도 통신 케이블을 사용하여 1천800개 정도의 신호를 보내는 수준밖에 되지 않았다. 사람들이 '20세기 최고의 발견'이라는 찬사를 아끼지 않았던 통신 혁명은 그렇게 시작되었다. 수학의 발전이 곧 통신 기술의 발전을 의미한다는 사실을 알게 된 것도 그 때부터였다.

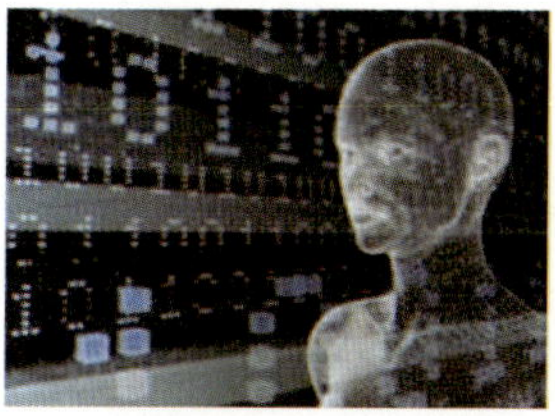

데이터나 물리적인 양을 0과 1로 표현하는 디지털 신호는 혁명적인 IT 시대 개막에 꼭 필요한 숫자였다.(오른쪽)

'나노포토닉 아발란치 광검출기(avalanche photodetector)'라고 불리는 초고속 통신 디바이스.(왼쪽)

그 후 반세기가 넘는 세월 동안 통신 수학은 발전을 거듭했고, 지금은 사람 머리카락만한 굵기의 광통신 케이블에 640만 개의 통신 정보를 보낼 수 있게 됐다. 기술의 격세지감을 느낄 법한 얘기다.

그렇다면 통신 분야에서 수학의 역할은 무엇인가. 수학은 통신 시스템에서 발생하는 무작위적인 현상을 확률론을 기반으로 정밀하게 분석하는 몫을 담당한다. 그 결과는 통신망의 성능을 분석하는 데 활용된다. 뿐만 아니라 통신 시스템의 최적화를 위한 알고리즘 개발과 소프트웨어 설계·구현을 통한 원천 핵심 기술 개발에도 수학은 중요한 역할을 한다. 역설적인 이야기로 들릴 수도 있겠지만, 다른 사람이 통신 내용을 아무나 알 수 없도록 비밀을 유지하는 '암호'의 발전도 역시 수학의 공로였다.

게임 이론과 함께 현대 수학에서 빼놓을 수 없는 암호 이론은 영국의 수학자 앨런 튜링이 악명 높은 독일군 암호 체계 에니그마(Enigma)를 해킹하면서 급격하게 발전했다. 그러나 영국이 주축이 된 연합군의 승리에 결정적인 역할을 했던 그는 전쟁이 끝난 뒤 독이 든 사과를 먹고 자살했다. 세상은 그가 사망한 지 12년 뒤에 수학의 노벨상이라 불리는 '앨런 튜링상'을 만들어 전쟁 영웅의 삶을 기렸다.

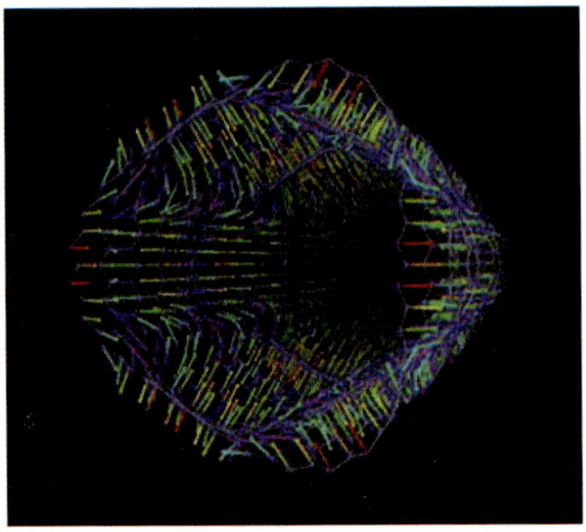
수학적 알고리즘의 이미지 형상. 알고리즘은 정보 통신 이론, 암호이론, 비밀번호, 선형 계획 및 게임 이론 등에 쓰인다.

암호 이론은 순수수학자들이 로그이론, 로그함수, 지수함수 등의 이론을 이해하고, 이를 삼

차방정식과 타원에 적용한 뒤에야 실생활에 쓰일 수 있게 됐다. 우리가 은행 예금을 인출하고, 신용카드를 사용하고, e-메일을 주고받을 수 있는 것도 바로 이 암호 이론 덕분이다. 대부분의 수학과에서 배우는 암호론은 컴퓨터 보안 이론에 체계적으로 접근할 수 있게 해준다. 컴퓨터 보안 체계 구축에서 컴퓨터 전공자보다는 수학적 알고리즘에 대한 공부를 많이 하고 직접 알고리즘을 짤 수 있는 수학자들의 참여가 필수적이다.

수학교육이 국력을 좌우하는 21세기

전자 상거래의 핵심 기술로 꼽히는 '공개 키 암호'의 원리는 대수방정식의 해법 과정에서 발견한 군론(群論)과 소인수분해 이론을 응용한 것이다. 공개 키 암호 시스템은 타인이 메시지를 암호화할 때 사용하는 공개 키와 암호문을 원래의 메시지로 복원할 때 쓰는 비밀 키를 각각 사용하는 암호 시스템을 말한다. 공개 키 암호 시스템은 전송에 의존하는 데이터의 보안에 반드시 필요한 기술로 많은 수학적 이론이 응용된다.

컴퓨터 보안 전문가들은 해커들의 잠재적인 침입과 공격을 막아내는 기술을 개발하기 위해 각종 첨단 암호화 방법을 찾는다.

이 공개 키 암호 기술 분야에서는 우리나라가 세계 최고 수준의 기술력을 갖고 있다. 지난 2000년 한국과학기술원 수학과 교수팀이 한국전자통신연구원

부설 국가보안기술연구소와 공동으로 공개 키 암호 원천 기술을 세계 최초로 개발한 것이다.

이 기술은 곱셈과 덧셈 등 연산의 순서를 바꿔 다른 값이 나오도록 하는 '비가환군'에 근거했다. 미국에서 개발돼 가장 널리 쓰이는 공개 키의 일종인 RSA(Rivest Shamir Adleman) 시스템보다 2배 이상 빠른 이 기술은 공개 키 암호론이 시작된 지 20여 년 만에 얻은 획기적인 수학 이론으로 평가받고 있다. 특히 암호화 및 보호화 속도가 매우 빠르고 구현하는 알고리즘의 크기가 작아 스마트 카드나 전자 화폐와 같은 소용량 장치에도 무리없이 적용할 수 있다.

우리나라는 세계에서 미국과 함께 공개 키 암호 시스템의 원천 기술을 확보한 두 나라 중 하나가 되었다. 앞으로 우리나라가 전자 상거래 및 정보 보호 분야에서 미국과 함께 시장을 주도하게 될 것은 당연해 보인다. 21세기는 정보통신 분야의 신기술이 국력을 좌우하는 시대다. 그 정보통신 국력을 뒷받침하는 학문이 바로 수학이다.

소련이 미국보다 먼저 인공위성을 쏘아 올렸을 때 미국 사회가 '수학 교육의 부재'에서 원인을 찾았던 이유를 지금 한국 사회는 곰곰이 되짚어 봐야 할 때다.

위대한 수학자들

천성선(陳省身, 1911~2004)

중국 저장성 출신의 미국 수학자로서 20세기 미분기하학의 대가이다. 텐진 난카이대와 칭화대 대학원을 거쳐 1936년 독일 함부르크대학교에서 박사학위를 받고 1937년 칭화대 교수가 되었다.

천성선은 미국으로 건너가 프린스턴대학에서 교수를 역임하는 등 수학 발전에 이바지한 공로를 인정받아 1975년 미국과학상을 수여받았다. 국제천문학회가 그의 업적을 기려 1998C S2호 소행성을 '천성선별'이라고 명명했다. 미분기하학의 모든 분야에 영향을 끼친 그의 연구는 천-사이먼스 이론, 천-베유 이론, 천 모임, 천-가우스-본넷 정리 등으로 이름을 남겼다.

제32장 과학기술 발전과 수학

과거는 모두 잊었다. 나는 미래만 보고 있다.
고생 없이 얻을 수 있는 진실로 귀중한 것은 하나도 없다.
– 에디슨

국가의 경제력 규모와 기초과학 순위는 거의 비례한다. 2007년 세계 GDP 순경제규모는 미국-일본-독일-중국-영국-프랑스-이탈리아-캐나다-스페인-인도-대한민국(11)-멕시코-러시아-호주-브라질순이고, 2006년 과학기술 논문색인(SCI) 등재 논문 수는 미국-영국-독일-일본-중국-프랑스-캐나다-이탈리아-스페인-호주-인도-네덜란드-한국(13)-러시아-브라질순이다. 대한민국의 경제력은 11위이고 SCI 등재 논문 수는 13위이다.

세계 총 GDP의 약 28%를 차지하는 경제대국 미국은 2007년 8월 과학기술을 획기적으로 지원하는 '미국 경쟁력법 2007(America COMPETES Act)'을 상 · 하 양원을 거쳐 부시 대통령의 사인으로 발효하였다. 이 법의 핵심은 미국이 국가경쟁력 1위를 항구히 하기 위해 수학 · 과학 진흥에 3년간 32조 원의 정책 지원금을 새로 배정한 것이다.

작년 '미국 경쟁력 재고 구상(American Competitiveness Inistiative)'

으로 수학 · 과학교육 예산을 향후 10년간 1,360억 달러(약 130조 원)로 늘리기로 한 대통령의 약속에 이은 또 하나의 수학 · 과학 진흥책이다. 2008년도 우리나라 총예산이 258조 원이니 그 규모를 짐작케 한다. 더불어 미감사원에서는 해마다 과학, 기술, 공학 그리고 수학 분야(STEM: Science, Technology, Engineering, and Mathematics)에서의 연구 성과, 학위 취득 및 취업 현황을 조사 분석 평가하여 국가 과학기술 정책의 중요한 지표로 삼는다. STEM 분야에의 지속적인 지원과 성장이 경제성장의 동력임을 간파했기 때문이다.

중국의 경우 이공계 우대 정책은 고위 관직에서 이공계 출신 발탁뿐만 아니라 수학 연구 예산을 최근 연간 25~30%로 급격히 증가시키고 있다. 최근 중국 경제의 급성장의 배후에는 이러한 중국의 기초과학에 대한 지속적인 투자와 인재 양성이 자리하고 있다. 반면 현재 일본은 수학 연구에 있어서 10~20년 전과 비교하여 열기가 떨어졌다고 우려한다.

그러면 우리나라는 어떤가. 스위스 국제경영개발원의 2007년도 국가경쟁력 평가에 따르면 우리나라는 55개 평가 대상국 중 국가 경쟁력은 29위이지만 과학 경쟁력과 기술 경쟁력은 7위와 6위이다. 현 정부의 과

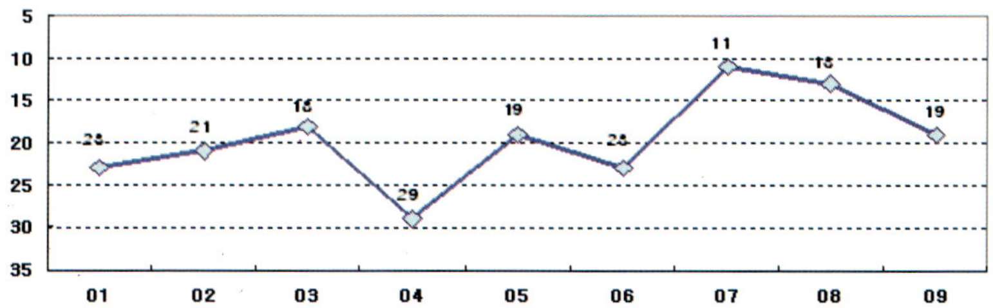

한국의 국가경쟁력 연도별 추이. 스위스 세계경제포럼 자료.

학기술 혁신을 통한 국가 경쟁력 끌어올리기 위한 노력이 긍정적인 결과로 나타났다고 볼 수 있다. 사실 우리나라의 2006년도 국민총생산 대비 총 연구 개발비는 3%이니 크게 미흡한 편은 아니지만, 인재들의 과학기술 분야로의 흡수와 효율적 관리는 미흡하다고 할 수 있다.

여기에서 수학 · 과학과 같은 기초과학을 대하는 우리의 자세에 어떤 변화가 있어야 하는가에 대해 몇 가지 제언하고자 한다.

첫째, 수학 · 과학에 대한 국민들의 인식을 새롭게 가져야 한다. 뿌리가 깊고 튼튼한 나무에서 좋은 열매가 맺듯이 수학 · 과학과 같은 모든 학문의 뿌리라고 할 수 있는 기초학문은 즉각적 성과를 보여주지는 못하지만 훌륭한 첨단 과학기술의 열매가 열리는 근간이다. 예를 들면 전자 상거래와 금융 결제 시스템의 핵심인 암호 기술은 수학 그 자체이며, 증권 거래나 보험 상품, 디지털 에니메이션 경우도 수학 없이는 불가능하다. 수학 · 과학의 무한한 잠재력을 제대로 평가하여 미래의 창의적인 과학기술의 산실이 되도록 해야 한다.

둘째, 정부는 인재를 효율적으로 관리하는 시스템을 만들어야 한다. 세계적으로 고급 두뇌 확보 전쟁이 불붙었다. 밖으로는 미국 · 일본 · 중국과 같은 나라에서 우리나라의 인재 사냥에 나서고 있고, 안으로는 60~70년대의 의식주 어려움에서 벗어나 세계 11대 경제 규모를 가졌는데도 법학 · 의학과 같은 특정 분야에 고급 두뇌들이 몰린다. 고급 두뇌들이 수학 · 과학 분야에서 몸 바치고자 하는 방향 전환에는 정부의 정책뿐만 아니라 전 국민의 협조가 있어야 한다. STEM 분야 우수 연구자에게 높은 연봉, 유연한 연구 풍토, 공직 진출 확대 및 명예가 주어진다면 고급 두뇌의 유입은 가능하다.

셋째, 교육인적자원부는 초 · 중 · 고 · 대학생의 수학 · 과학 실력을 향상시키기 위한 정책을 세워야 한다. 학교 교육과 입시는 청소년들의 사고력과 창의력을 높이는 방향으로 전환되어야 한다. 감사원 조사에 따르면 2002년부터 실시된 수요자 중심의 고교 7차 교육과정으로 전국 4년제 대학 이공계 입학생 가운데 약 30%가 과학이 아닌 사회과목을 선택하고, 55%는 수리에서 미적분과 확률 · 통계를 배우지 않는 것으로 나타났다. 이는 수학 · 과학교육에 열을 올리는 미국 · 영국 · 프랑스 · 일본은 물론 중국 · 인도와도 정반대되는 현상이다. 수학 · 과학교육은 정답이 나오는 과정을 논리적으로 추론하는 데 초점을 맞추어야 하며 이렇게 배운 수학적 방법론은 다른 학문과 현상에서 복잡하고 어려운 문제를 해결하는 데 이용될 것이다.

국민, 정부, 학교 모두가 힘을 합쳐 한국의 미래를 밝게 꽃피우기 위해 수학 · 과학 지원에 지속적인 관심을 갖자. 고급 두뇌의 해외 유출을 막고 우수한 인재들을 수학 · 과학 분야로 유입하여 경제대국의 밑거름으로 삼아야 한다. 기초과학과 경제력이 비례하듯이, 수학 · 과학 분야가 튼튼하게 뿌리내릴 때 우리의 경제대국의 꿈은 크게 열매를 맺을 수 있을 것이다.

우리는 선진국을 열망한다. 하지만 의욕만으로는 불가능하다. 선진국이 되려면 그 열망을 꿈과 현실로 연결시키는 확실한 비전과 정책이 있어야 한다. 역사의 수레바퀴를 이끄는 지도자는 도덕적이며 명확한 비전을 제시하고, 국민들은 지도자의 비전에 따라 힘차게 수레바퀴를 밀고 나가야 한다. 그러나 잇따라 불거지는 사기 청탁 부패 사건 사고는 우리를 절망케 한다. 진정한 선진국이 되기 위해 선행되어야 할 조건이 있다. 도덕 재무장, 생산성 향상, 과학기술 발전이 그것이다.

먼저 도덕성을 보자. 이는 지도자와 국민 모두에게 요구되는 덕목이다. 마하트마 간디는 사회 파괴와 폭력을 부르는 일곱 가지 악덕으로 "노동 없는 부, 양심 없는 쾌락, 인격 없는 지식, 윤리 없는 기업, 희생 없는 종교, 인간 존엄이 무시된 과학, 그리고 신념 없는 정치"를 꼽았다. 도덕적 신뢰는 유리 거울 같아 한번 깨지면 원상회복이 어렵다.

생산성은 또 어떤가. 경제협력개발기구(OECD)에 따르면 2007년 우리나라의 1인당 노동생산성은 OECD 30개 회원국 가운데 23위로 수년째 제자리걸음이다. 국제노동기구(ILO)에 따르면 우리나라 근로자의 생산성은 미국 근로자의 68% 수준이다. 홍콩 · 싱가포르 · 대만보다도 낮다. 생산성 향상은 종합적 요인에 의해 이뤄지지만 그중 핵심 요인 네 가지는 교육, 훈련, 축적된 경험, 그리고 효율적인 기계 보유다. 기술 혁신, 효율적 조직 개편, 세계화 추진, 고령화 극복도 관건이다. 전세계 인구의 40%를 차지하는 중국과 인도가 매년 두 자릿수 가까운 고속 성장으로 우리를 바짝 추격하고 있는데, 우리나라의 저출산 · 고령화는 세계에 유례가 없을 정도로 빠르게 진행되고 있다. 이런 문제를 해결하기 위하여 사회 전반의 과학기술 시스템을 혁신해야 한다.

미의회 산하 회계감사원(GAO)은 해마다 과학 · 기술 · 공학 · 수학 분야(STEM)의 연방정부 지원 프로그램, 학위 취득 및 취업 현황을 조사 분석하여 국가 과학기술 정책의 지표로 삼는다. 이 분야의 지속적인 지원과 성장이 경제성장의 원동력이기 때문이다. 우리나라도 미국의 STEM 같은 시스템을 가동하고 R&D 투자를 대폭 늘려야 한다. 결국 개개인의 삶의 질이 향상되고 대한민국이 국제사회에서 보다 큰 자유를 누릴 수 있는 길은 과학기술 발전을 통한 선진국으로의 도약뿐이다.

1957년 구소련이 세계 최초의 인공위성 '스푸트니크 1호'를 발사하자 미국은 충격에 휩싸였다. 당시 사람들은 미국이 최초의 인공위성을 쏘

첨단수리과학의 핵심적 인 연구 수행을 국가 전략적 차원에서 추진하기 위해 설립된 국가수리과학연구소 개소식 행사에 참석한 당시 김우식 부총리 겸 과학기술부장관(좌로 네번째), 조용승 초대소장(좌로 세번째), 박상대 기초기술연구회 이사장, 권선택 국회의원, 강신원 원장, 민경찬 대한수학회 회장이 행사 후 현판 앞에서 기념촬영하고 있다.

아올릴 것이라고 확신할 만큼 세계 최고의 우주 기술을 자랑하고 있었다. 이 일을 계기로 미국은 수학을 비롯한 기초과학에 온 힘을 쏟아 소련과의 우주 전쟁에서 다시 기선을 제압했다. 한국 경제를 이끌고 있는 정보통신 산업의 기반도 바로 수학이다. 수학이 없다면 정보통신 산업은 모래성과 같다고 할 수 있다. 이렇듯 수학은 모든 경제 활동의 기반일 뿐만 아니라 생활 전반과 깊이 관련되어 있는 학문이다.

이런 가운데 국내 수학계의 숙원인 '국가수리과학연구소'가 2005년 10월 출범했다. 국가수리과학연구소는 정부 출연 연구소 중 수학을 전문으로 연구하는 기관으로는 국내 최초로 설립됐다. 이미 일본은 지난 1964년에 국가수리과학연구소를 출범시켰고 미국은 11개의 국가수리과학연구소를 운영하고 있으니, 선진국에 비하면 늦은 감이 없지 않지만 우리나라에도 국책 수리과학 연구소가 설립되어 산학연이 연계된 것은 고무적인 일이다.

국가수리과학연구소의 가장 큰 임무는 기초학문과 산업 간의 가교 역할을 하는 동시에 수리과학의 중요성을 전파하여 국민생활을 과학화하고 수학화하는 것이다. 연구소는 상아탑의 세계에서 학문으로 머물던 수학을 한 차원 끌어올려 첨단산업에 기여할 수 있는 초석으로 자리매김하고자 한다. 대한민국은 선진국으로 비상하는 기로에 서 있다. 지도자부터 국민에 이르기까지 도덕으로 재무장한 사회에서 생산성 향상이라는 과제를 이루기 위해 과학기술의 힘과 잠재력을 극대화하는 시스템을 구축한다면 선진 강대국의 꿈은 반드시 이루어질 수 있다.

위대한 수학자들

앤드류 존 와일즈(Andrew John Wiles, 1953~)

영국의 수학자. 300년 동안 풀리지 않았던 '페르마의 마지막 정리'를 1993년 증명했다. 와일즈는 소년 시절부터 수학을 취미로 할 정도로 수학에 매료되었다. 1974년 옥스퍼드 머튼칼리지에서 학사, 1979년 케임브리지 클레어칼리지에서 박사학위를 받은 후 프린스턴대학교의 수학교수가 되었다.

수학에서 가장 권위있는 상인 필즈 메달은 나이 40세 미만 조건에 걸려 수상하지 못했으나, 대신 국제수학자연맹에서 1998년 기념 은판을 제작해 그에게 수여하였다. 엄밀히 말하면 필즈 메달 수상자가 아니지만, 기념 은판을 제작해 수여했다는 사실을 필즈 메달 수상자 공식 명단에 첨가한 것이다.

제33장 우주 비밀에 대한 인간의 끝없는 도전

새로운 진리의 발견은 그 자체가 최고의 행복이지,
인정해 준다고 그 행복이 커지는 것은 아니다.
– 프란츠 뉴만

우주는 어떻게 생성되었나?

태초부터 인간은 밤하늘의 별들을 올려다보며 별자리에 이름을 붙이기도 하고, 태양을 숭배하기도 하면서 우주에 대한 상상의 나래를 펴왔다. 과학자들은 우주의 생성과 소멸, 블랙 입자, 은하계 너머 무한한 우주 공간의 존재를 인지하며 신비함과 경외감을 느낀다. 2차원인 평면을 기어 다니는 '개미'가 3차원 공간을 비행하는 우주선이나 태양의 존재를 상상할 수 없고, 하루살이가 100년의 수명을 지닌 인간이나 1,000년 나무의 생명을 알 수 없듯이, 3차원에 사는 인간이 우주 너머의 세계를 생각한다는 것은 개미나 하루살이 같은 입장이 아닐까?

그러나 인간은 광대한 우주를 바라보며 무한한 상상을 하면서 진실을 추구하고자 끝없이 노력하여 왔다. 그와 같은 지적 호기심은 지속적으

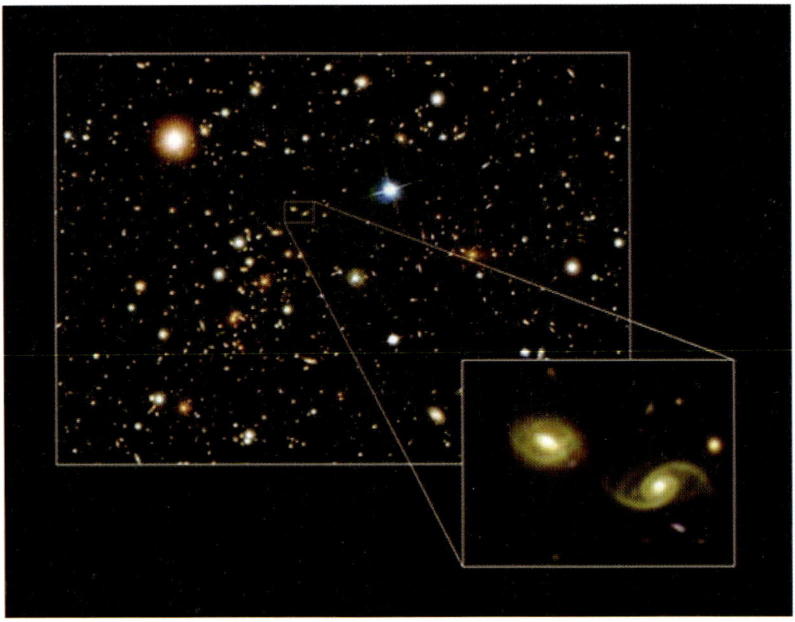

허블 천체망원경이 촬영한 은하계 중 불렛 클러스터(Bullet Cluster)

로 미지의 세계를 탐구하고 해석하면서 그동안 많은 발견의 쾌거를 이루어냈다. 천문학이 천체의 움직임과 현상을 측량하고 자료를 수집할 때, 수학과 이론물리학은 우주의 기원과 미래를 예측하여 많은 증명들을 발표하고 있다.

즉 빅뱅이라 불리는 무한 에너지를 지닌 특이점의 폭발로 우주가 생성되었고, 우주의 나이는 대략 137억 년이며, 우리가 소속된 태양계 밖 가장 먼 천체(은하, 퀘이사)는 대략 140억 광년 떨어져 있다는 사실도 밝혀냈다. 그러나 미해결 연구 과제도 많다. 빅뱅 이후 천체는 빛의 속도로 지구에서 멀어지고 있기 때문에 먼 곳의 알려지지 않은 천체들의 존재에 대해서 우리는 결코 알 수가 없다. 우주가 팽창을 계속하고 있다는 것은 밝혀졌지만 이 팽창이 영원히 계속될 것인지, 아니면 다시 수축할 것인지, 팽창과 수축을 바운스 형태로 반복할 것인지도 아직 확실하지 않다.

그뿐이 아니고, 우주에서 우리의 눈에 보이는 물질들(행성 · 별 · 은하 등)은 우주를 구성하고 있는 총 물질과 에너지의 4%에 불과하다. 나머지 96%는 눈으로 관측할 수 없는 '미지의 물질'로서 암흑 에너지(dark energy)가 73%이고 암흑 물질(dark matters)이 23%로 이루어져 있다. 암흑 에너지와 암흑 물질에 대해서도 우리가 아는 것은 거의 없다. 이처럼 거대하고 무한하며 이해하기 불가능한 우주 공간이지만 비밀의 베일은 조금씩 벗겨지고 있다.

천문학의 태동과 성장

우주와 천체의 변화를 신들의 조화로 받아들였던 고대 그리스에서 우주에 대한 과학적인 탐구를 시도함으로써 세인의 관심을 받았던 수학자 겸 천문학자는 탈레스였다. 수학과 천문학에 관심이 컸던 그를 단숨에 유명하게 만든 사건은 585년 5월에 일식이 일어날 것을 정확하게 예언한 일이었다. 그는 또한 사람과 피라미드의 그림자 길이를 비례식으로 이용하여 피라미드의 높이를 쟀고, 해안에 정박한 배까지의 거리도 닮은꼴을 이용하여 정확하게 재는 등 논리적 사고를 이용해 학문의 지평을 넓혀 갔다.

독일의 수학자 겸 천문학자로 17세기 천문학 혁명의 핵심 인물로 부상하며 "행성은 타원궤도를 따라 태양 주위를 움직인다"라는 행성 운동 법칙을 발견한 과학혁명의 영웅은 요하네스 케플러이다. 케플러의 이

한마디는 천문학사의 물줄기를 돌려놓았고, 현재까지도 우주 전체의 운동 법칙을 조화롭게 설명해 주는 열쇠가 되었다. 케플러는 우주에 대한 신의 기하학적인 계획상을 알아냈다고 말했다. 1543년 코페르니쿠스의 지동설로 싹이 튼 천문과학은 케플러에 이르러 꽃이 핀 것이다. 케플러는『새 천문학』이란 책에서 행성 운동의 두 가지 법칙을 공표했는데, 이는 행성은 태양 둘레를 원을 그리며 도는 것이 아니라 '타원궤도'를 그린다는 것과 그들 천체는 '면적 속도'의 법칙을 따른다는 것이었다. 그러나 케플러도 왜 천체가 타원 운동을 하는지는 설명할 수가 없었는데, 78년 뒤인 1687년 영국의 뉴턴이 천체가 타원으로 움직이는 까닭은 모든 천체가 서로 질량에 비례하고 거리의 제곱에 반비례하는 인력이 작용하기 때문이라는 '만유인력' 학설을 내놓아 그 이유를 설명할 수 있게 되었다.

허블과 아인슈타인의 혁신적 공헌

이후 우주와 천체에 대한 연구는 보다 과학적으로 진행되었으나 우주는 보이는 것처럼 작고 가까운지, 아니면 멀어서 작게 보이는지에 대한 논쟁은 계속되었고 이 논쟁의 종결자는 미국의 천문학자인 에드윈 허블(Edwin Powell Hubble)이었다. 그는 1921년경 세페이드 변광성을 이용하여 우주의 크기를 재었고, 또한 1929년경 은하를 관측하여 그 스펙트럼의 선에 나타나는 적색편이를 시선 속도라고 해석하고, 후퇴하는 속도가 은하간 거리에 비례한다는 '허블의 법칙'을 발표하였다. 이는 우주가 팽창한다는 사실을 뒷받침하여 이후 빅뱅 이론의 기초가 되었다. 1990년 설치된 허블 천체망원경은 그의 이름을 따서 명명된 것이다.

허블 천체망원경

시카고대학 천문학과에서 공부한 허블은 탁월한 관측가였다. 그는 밤하늘에 구름 조각 모양으로 관측되는 '성운'이 우리 은하에 속한 것이 아니라 훨씬 멀리 떨어져 있는 또 다른 은하계라는 것을 밝혀냈고, 외부 은하에서 나오는 빛의 스펙트럼이 빨간색 쪽으로 이동하는 '적색편이' 현상을 관측했다. 은하의 이동 속도를 거리로 나눈 값은 항상 일정하게 나타났는데 이를 허블상수(Hubble's constant) H로 부르고, 그것은 우주의 팽창 속도를 알려주는 지표로 빅뱅 이후 현재까지의 기간인 우주의 나이를 계산하는 근거가 되었다.

1917년 일반상대성이론을 우주에 적용하려던 아인슈타인은 심각한 고민에 빠졌다. 안정적이라고 생각했던 우주가 계속 팽창하고 있다는 새로운 계산 결과가 허블에게서 나왔기 때문이었다. 아인슈타인은 이를 해결하기 위해 '우주상수'(宇宙常數 Λ)라는 개념을 도입했다. 우주의 대부분을 차지하는 진공 공간에는 알려지지 않은 형태의 암흑 에너지가 있으며, 이것이 만유인력(끌어당기는 힘)에 반발하는 척력(밀어내는 힘)으로 작용해 우주가 붕괴되지 않도록 균형을 잡고 있다는 것이다. 그러나 아인슈타인은 1931년에 허블의 연구 장소인 윌슨 산 천문대를 방문하여 허블과 역사적인 대면을 하고 난 이후 우주가 팽창하고 있음을 인정하면서 자신이 도입한 우주상수가 일생의 가장 큰 실수라고 고

백했다.

그러나 최근에 와서는 다시 아인슈타인이 옳다고 판명되었다. 암흑 에너지는 실제로 존재하고, 우주상수 이론은 정확했다. 아인슈타인 당시에는 우리의 은하 밖에 또 다른 은하가 있다는 사실이 알려지지 않았기 때문에 이론을 관측할 방법이 없었을 뿐이었다. 호주 스윈번대학의 크리스 블레이크 교수를 중심으로 한 국제 연구진이 암흑 에너지의 존재를 입증해 냈다. 다만 암흑 에너지의 안정성이나 특성을 밝혀내는 것은 우주의 근본과 미래를 예측하는 중요한 과제로 남아 있다.

무엇보다 아인슈타인의 생애 최대 업적은 우주의 비밀을 캐는 데 크게 기여한 일반상대성이론으로 빛도 공간에 따라 휜다는 이론이라고 할 수 있다. 1905년 그가 발표한 특수상대성이론은 말 그대로 특수한 경우, 즉 등속직선운동을 하는 관성계에서만 성립한다는 근본적인 한계를 지니고 있었기 때문에, 가속운동을 하는 좌표계나 회전운동을 하는 경우에는 맞지 않는 얘기였다. 아인슈타인은 이런 특수상대성이론($E=mc^2$)의 문제점을 보완하기 위해 10년 동안 연구에 집중하여 마침내 1915년 11월 25일 중력장 방정식을 완성하고, 이듬해 3월 20일 『물리학 연보』에 일반상대성이론을 발표했다.

일반상대성이론(一般相對性理論, general theory of relativity)은 중력을 상대론적으로 다루어 시공의 곡률이라는 기하학적 언어로 기술하는 이론으로 현재까지 알려진 중력을 다루는 이론 가운데 가장 정확하게 실험적으로 검증되었다. 일반상대성이론에 나오는 아인슈타인 장방정식($R_{ab} - \frac{1}{2}R\,g_{ab} = \kappa T_{ab}$)은 텐서 방정식으로 시공간에서 미분기하학의 리치 곡률 텐서(Ricci curvature tensor)와 시공간을 채우는 물질의 에너지-운동량 텐서(energy-momentum tensor)의 관계를 기술하는 방정식이다.

시공간을 구성하는 물질의 특정한 질량과 압력의 배치와 시공간의 곡률 텐서로부터 얻어지는 아인슈타인 장방정식은 물리량과 기하학의 곡률이 서로 연관된 비선형 미분방정식이 된다.

특수상대성이론이 광속도 일정의 법칙을 기준으로 만든 것이라면, 일반상대성이론은 중력과 가속도가 같다는 등가원리에서 출발한 이론이다. 따라서 일반상대성이론을 따르면 중력에 의해 휘어진 공간을 통과하는 것은 질량을 가진 물체든 질량이 없는 빛이든 모두 휘어진다. 그동안 세계를 지배해 온 뉴턴의 중력 이론이 질량을 가진 물질들의 운동만 설명하는 한계를 일반상대성이론은 뛰어넘은 것이다. 아인슈타인이 일반상대성이론을 발표하면서 증거로 제시한 세 가지는 첫째는 빛이 중력장에서 휜다는 것, 두 번째는 수성의 근일점이 1백년마다 43초씩 이동한다는 것, 세 번째는 빛이 중력장에서 적색편이를 일으킨다는 것으로 블랙홀 등 우주의 신비를 푸는 데 커다란 역할을 했다.

우주 생성에 관한 호킹과 펜로즈의 입자적 접근

1970년대 케임브리지대학의 스티븐 호킹(Stephen Hawking)과 옥스포드대학의 로저 펜로즈(Roser Penrose)는 중요한 과학적 업적을 이루어 냈다. 일반상대론적 특이점에 대한 여러 정리를 증명한 것과 함께, 블랙홀(black hole)이 열복사(호킹복사라 불림)를 방출한다는 사실을 밝혀낸 것이다. 두 사람은 입자(particle) 이론을 이용해 우주가 생성된 시기를 수학적으로 규명해 세상을 놀라게 했고 이 이론은 '호킹-펜로즈 이론'으로 불리며, 이를 규명할 때 무질량(massless) 입자와 질량(mass) 입자가 위상의 변화에 따라 순차적으로 나타남을 보였다.

빅뱅 이론(Big-Bang Theory, 대폭발)이란 우주의 시작을 설명하는 우주론 모형으로 매우 높은 에너지를 가진 지극히 작은 공간(특이점, singularity)의 거대한 폭발을 통해 우주가 형성되었다고 보는 이론이다. 우주의 기원에 대해선 여러 학설이 있는데 모두 물리법칙에 근거하여 수학적으로 유도된 것인데 거의 정설로 인정받고 있다.

빅뱅 이론은 1940년대 후반에 러시아 출신의 미국 학자 조지 가모프(George Gamow)가 우주의 초기 상태를 규명하려 했던 것에서 그 기초를 이룬다. 그는 만약 우주가 먼 과거에 뜨겁고 밀집된 상태(현재보다 훨씬 수축된 상태, 어쩌면 크기가 제로인 상태)로 시작되었다면, 이러한 폭발적인 시작으로부터 나온 복사(빛)의 일부가 남아 있을 것이라고 생각했다. 이 복사는 오늘날에도 우주 저편 어딘가에 남아 있을 거라고 생각한 것이다.

1948년에 앨퍼와 허먼은 빅뱅 당시 나온 복사는 우주가 팽창하면서 냉각되었을 것이기 때문에 현재 남아 있는 복사의 잔해는 절대온도로 약 5K정도 될 것이라고 예측했다. 이 복사는 1965~66년에 벨연구소의 아르노 펜지아스(Arno Allan Penzias)와 로버트 윌슨(Robert Woodrow Wilson)이 라디오 안테나의 마이크로파 잡음을 제거하는 과정에서 발견했다. 그 복사의 온도를 추정한 결과 2.7K에 해당하여 앨퍼와 허먼이 추정한 값에 매우 근접했다. 그 후 이 현상은 '우주배경복사'라고 불리게 되었고 우주배경복사의 발견으로 펜지아스와 윌슨은 1978년 노벨물리학상을 수상했다.

우주배경복사의 발견으로 인해 빅뱅 모델에 대한 진지한 연구가 시작되었고 우주론자의 대다수가 빅뱅 이론을 수용하게 되었다. 빅뱅 이론을 뒷받침하게 된 우주배경복사는 이후로도 많은 관측이 이루어졌고,

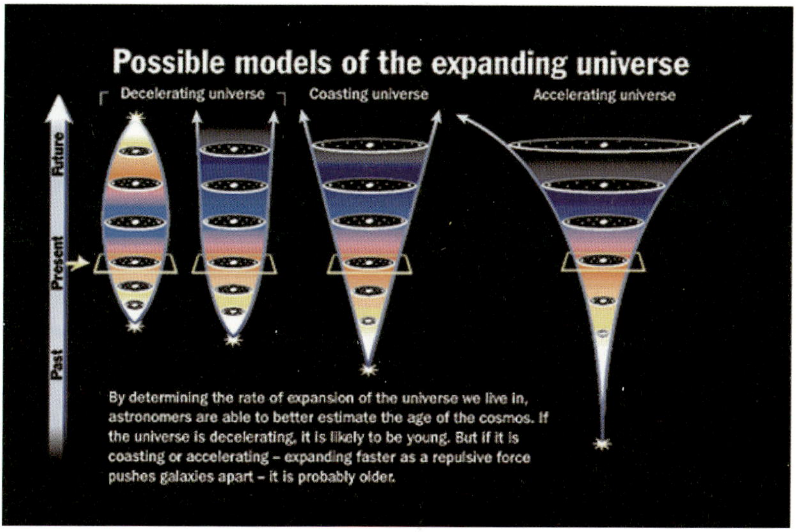

빅뱅 이후 우주팽창에 대한 다양한 가상 모형

1989년 미항공우주국의 코비(COBE) 위성이 우주배경복사의 전체적인 스펙트럼을 온전하게 측정하는 데 성공했다. 그 스펙트럼은 우주가 처음에는 현재보다 수십만 도나 더 뜨거웠음을 확인시켜 주었다. 그리고 1992년 코비위성은 하늘의 각 구조에 대해서 모든 방향에서 1천분의 1 이상의 정확도로 같은 비율로 팽창하고 있었다는 놀랄 만한 사실도 전해줬다.

우주 생성에 관한 조용승-홍순태의 끈이론적 접근

2011년에 발표된 '조-홍 빅뱅 이론(Cho-Hong String Singularity Theory)'으로 명명된 이 연구는 137억 년 전 거대한 폭발로 우주가 형성됐다고 보는 빅뱅 이론에 우주를 이루는 기본 단위를 '입자(particle)'

가 아닌 '끈(string)'으로 보는 이론으로 빅뱅이 일어난 시기를 예측하고, 기존의 입자 이론에서는 설명되지 않는 비틀림과 천체의 회전 운동을 설명해냈다. 이는 이전의 입자 이론과는 달리 끈 이론으로 우주 생성을 규명함으로써 우주 팽창의 비밀과 물리적 성질을 보다 자연스럽게 설명하는 진일보한 이론으로 평가받는다.

$$\tau \le \frac{D-1}{|\theta(0)|} + \int_0^\tau d\tau \left(\frac{\theta}{\theta}\right)^2$$

끈 우주에서 빅뱅(Big Bang)이 일어나는 시기를 예측한 부등식

조-홍 이론은 사차원 시공간상에 파이버(fiber)가 칼라비-야우(Calabi-Yau) 다양체인 전체 공간에서 끈이 시간에 따라 진화하면 측지 곡면 다발(geodesic surface congruence)이 생기는데, 이때 남부-고토 작용함수(Nambu-Goto action function)에 대한 모스 이론(Morse Theory)에 아인슈타인의 장방정식을 적용하여 우주 생성의 시기를 예측하였으며, 이 때 이용되는 '끈 강에너지 조건(String strong energy condition)'을 연구한 결과로서 끈 우주에서는 질량과 무질량을 기술하는 끈이 위상 전환(phase transition)없이 동시에 나타남도 발견하였다.

$$\frac{D-4}{D-2}\rho + \frac{D}{D-2}P \ge 0$$

끈 우주에서 질량과 무질량이 위상 전환없이 동시에 나타남을 보여준 부등식

호킹-펜로즈의 빅뱅 이론은 입자를 이용한 이론으로 회전이 없음을 가정하였던 데 반해, 조-홍의 빅뱅 이론은 회전을 천체 회전 방향과 아울러 끈 회전 방향으로 허용하여 얻어진 결과로서 우주의 상태를 더 자

연스럽게 설명하였다고 받아들여진다. 또한 호킹-펜로즈가 다루지 않은 비틀림(shear)을 연구함으로써 장력(tension)과 무장력(tentionless)을 다루었으며, 회전(rotation)의 속도가 지수적으로(exponentially) 감소함을 보였다.

$$\omega_{ab}(\tau) = \omega_{ab}(0)\exp\left(-\frac{2}{D-1}\int_0^\tau d\tau\theta\right)$$

끈 우주에서 회전을 나타내는 식

우주에 대한 무한한 도전

아인슈타인은 "신은 우주 생성을 위하여 어떤 모델을 선택하였을까?"라는 질문에 "답에 점점 가까이 다가가고 있다"라고 답했다. 우리가 살고 있는 지구는 태양계의 8개 행성 중의 하나이고, 태양계는 약 2,000억 개의 별로 구성된 나선형 은하수 중 하나의 별이며, 은하수 너머 우주 공간에는 거대 은하계(large galaxy)가 약 3,500억 개, 왜소 은하계(dwarf galaxy)가 약 3조5,000만 개 정도가 존재하며, 우주 공간에 떠 있는 별의 총수는 대략 300억조 정도에 이른다고 추정한다. 태양계가 속한 은하의 직경은 약 9~10만 광년이나 되는 크기이며 태양계는 은하수 중심에서 약 26,000광년 정도 떨어진 오리온암(Orion Arm) 깊숙히 묻혀 있다. 태양계가 속한 부위의 두께만도 2,000광년은 되며, 태양계가 은하수 우주 내에서 한 바퀴의 공전을 하는 데는 약 2억2천만 년이 걸린다.

이 어마어마하게 거대한 우주 속 어디에서도 60억 인구가 살고 있는 지구를 찾는다는 것은 거의 불가능하다. 그러나 인간은 이 무한 크기의 우주 공간에서 너무나 드물고도 소중한 존재이다. 태양이 조금만 더 컸거나 작았더라도, 지구가 조금만 더 태양과 가깝거나 어두웠더라도 지구에는 지금처럼 풍부한 물이 없었을 것이고, 그렇게 되면 지구상에는 현재와 같은 생명체가 존재하지 않았을 것이다. 드물게 귀한 것은 지구상에 처음 나타난 생명체들이 사라지지 않고 오늘에 이르고 있는 점이다. 따라서 광활하고 거대한 우주 안에서의 막막함보다는 지구란 행성에서 발을 디디고 살아감에 감사하고 행복해해야 할 것 같다.

인간 존재는 정말로 드물고도 소중하게 얻어진 생명이다. 우주 생성과 미래를 보다 확실히 규명하고자 하는 이유는 진리를 추구하고자 하는 인간의 고귀한 정신에 기인하며, 인간에게 더욱 풍요롭고 유익한 미래를 안겨 주고자 하는 희망의 발걸음이다.

위대한 수학자들

마이클 프란시스 아티야
(Michael Francis Atiyah, 1929~)

영국 출신의 수학자이다. 미국 프린스턴에 위치한 프린스턴 고등연구소와 영국의 옥스퍼드 대학교, 케임브리지대학교 등에서 교수로 재직하였다.

아티야는 대수적 위상수학의 한 분야인, 위상수학적 K-이론의 창시자이며, MIT 수학교수인 싱어(Isadore Singer)와 함께 아티야-싱어 지수 정리(Atiyah-Singer index theorem)를 증명하였는데, 이 정리는 표현론, 열 방정식, 다양체 이론 등 많은 분야에 적용되고 있다.

아티야의 수학적 업적은 수없이 많으며 1966년 그의 나이 37세일 때 필즈 메달을 수상하였고, 2004년에는 싱어와 함께 아벨 상을 수상하였다. 영국 로얄 소사이어티의 회장, 트리니티칼리지의 학장 및 런던수학회의 회장직을 1974년에서 1976년까지 역임하였고, 유럽수학회를 세우는 데에도 공이 컸다.

| 에필로그 |

『자연과 문명 속의 수학』을 집필하면서 평생 수학에 몰두하여 살아온 저자이지만 수학에 대해 다시 생각할 좋은 기회가 되었다. 늘 새로운 것을 배우는 데 힘쓰며 수학에 대한 더 큰 사명감과 흥미를 가지게 되었다.

수학의 효용성에 대해 의문을 갖는 사람이 이 책을 읽은 후 그 생각이 조금이라도 바뀐다면 더할 나위 없이 큰 보람이 될 것이다. 최근 들어서 수학이라는 학문에 대한 인지도가 점점 좋아지면서 수학과가 자연과학 분야에서 인기 학과로 전향되는 분위기이어서 참으로 고무적이다. 그러나 인기 여부를 떠나서 수학은 과거 인류 역사가 시작된 이래 현재까지 보이는 곳에서 혹은 보이지 않는 곳에서 모든 일상생활과 자연 그리고 문명의 패러다임을 만들며 묵묵히 제 할 일을 다해 왔다. 또한 앞으로도 그러한 소임에 충실한 학문으로서 미래의 역할을 지속할 것이다.

이 책은 무궁한 수학의 세계를 소개하는 망망대해에서 하나의 물결일 뿐이요, 무한한 우주공간에서의 하나의 작은 점에 불과하다. 우리 앞에는 보다 더 아름답고 심오한 수학의 세계가 발견되기를 기다리며 거기 있다.

다시 한번 저자가 그동안 쓰고 발표한 글들을 한데 엮어서 한 권의 책으로 편찬할 수 있도록 기회를 주신 이화여자대학교출판부에 깊이 감사를 드린다.

| 찾아보기 |

자연과 문명 속의 수학

펴낸날 초판 1쇄 2012년 3월 27일
2쇄 2016년 3월 30일
지은이 조용승
펴낸이 김훈순
펴낸곳 이화여자대학교출판문화원
주소 서울특별시 서대문구 이화여대길 52(우 03760)
등록 1954년 7월 6일 제9-61호
전화 02) 3277-2965(편집), 02) 362-6076(마케팅)
팩스 02) 312-4312
전자우편 press@ewha.ac.kr
홈페이지 www.ewhapress.com
책임편집 정경임
디자인 정혜진
찍은곳 네오프린텍

ISBN 978-89-7300-944-2 03410

값 17,000원

* 잘못된 책은 바꾸어 드립니다.